Spark 3.x

综合项目实战

主　编◎马卫花　张文胜　段　毅

清華大学出版社

北　京

内 容 简 介

本书分为基础篇、案例篇两部分。在基础篇（第1、2章）中介绍了 Spark 运行环境的搭建、Spark 的生态体系、编程模型、Scala 基本语法、高阶函数、集合等方面的基础知识；在案例篇（第3~7章）中基于5个综合案例翔实地介绍了如何使用 Spark 实现音乐、房地产、气象、电商、电影等领域大数据分析与挖掘的技术与技巧，主要目的是通过 Spark 综合应用项目，帮助读者食味知髓，领悟 Spark 项目的精妙，修炼成 Spark 高手。同时，本书还提供了详细的实训指导、数据源和程序代码等配套资源。

本书既可以作为普通高等院校大数据、计算机、人工智能等相关专业的本科生、研究生的实验实训教材，也可以作为大学生竞赛、毕业设计的重要素材和参考读物。同时，还可满足数据分析从业人员及数据挖掘爱好者的需要。

图书在版编目（CIP）数据

Spark 3.x 综合项目实战 / 马卫花，张文胜，段毅主编. —北京：清华大学出版社，2024.3
ISBN 978-7-302-65803-0

Ⅰ．①S⋯　Ⅱ．①马⋯ ②张⋯ ③段⋯　Ⅲ．①数据处理软件　Ⅳ．①TP274

中国国家版本馆 CIP 数据核字（2024）第 056256 号

责任编辑：邓　艳
封面设计：刘　超
版式设计：文森时代
责任校对：马军令
责任印制：宋　林

出版发行：清华大学出版社
　　　网　　址：https://www.tup.com.cn，https://www.wqxuetang.com
　　　地　　址：北京清华大学学研大厦 A 座　　　　　邮　　编：100084
　　　社 总 机：010-83470000　　　　　　　　　　邮　　购：010-62786544
　　　投稿与读者服务：010-62776969，c-service@tup.tsinghua.edu.cn
　　　质量反馈：010-62772015，zhiliang@tup.tsinghua.edu.cn
印 装 者：三河市天利华印刷装订有限公司
经　　销：全国新华书店
开　　本：185mm×260mm　　　　印　　张：12.5　　　　字　　数：301 千字
版　　次：2024 年 3 月第 1 版　　　　　　　　　　印　　次：2024 年 3 月第 1 次印刷
定　　价：58.00 元

产品编号：102139-01

前　言

人工智能的应用离不开数据、算力和大模型基础。最近较为火热的 ChatGPT 就采用了"大数据+大算力+强算法=大模型"路线，使用了 45 TB 的数据、近 1 万亿个单词来训练模型，从中可见大数据作为 AI 算法"饲料"，在人工智能不断进化中的重要作用。而 Spark 作为目前最为流行的开源大数据处理平台，对 MapReduce 进行了很多改进，使得其性能大大提升，被广泛应用于各种大数据处理场合，能够高效地处理海量数据，因此备受关注。

熟练掌握和应用 Spark 技术对于初学者（特别是自学者）来说主要有以下两大痛点。一是知识头绪太多，不知道从哪儿学起。从 Spark 的技术栈可以看到，涉及的技术包括从操作系统到外部组件、Spark 框架、交互工具、编程语言等多个层次，每个层次又包括多个技术和知识点，初学者可能只是对其中的部分技术有一些模糊的认识，并不会形成全面、清晰的层次。二是处处掣肘，起步艰难。Spark 初学者在起步阶段会遇到各种各样的问题，往往是费尽精力地解决了一个问题，结果又冒出了更多的问题，这种心力交瘁且看不到尽头的感觉在起步阶段十分常见。

快速掌握 Spark 除了下功夫把相关技术基础打好，剩下的任务就是不断地进行项目实践，桃子是什么味道，只有亲口尝一尝才知道。本书提供了 5 个大型的 Spark 综合应用项目，可以帮助读者食味知髓，领悟 Spark 项目的精妙，修炼成 Spark 高手，待全部学完后，一定会有"会当凌绝顶，一览众山小"的感觉。

本书从教学实际和市场对大数据人才的需求出发，合理安排知识结构，由浅入深，循序渐进，以综合案例为主，提高学生的兴趣和动手实践能力，缩小高等院校在人才培养上和软件公司在人才需求上的差距。

本书共包括 7 章，各章节主要内容及要求如下。

第 1 章：Spark 概述，了解和掌握 Spark 的生态系统和开发环境。

第 2 章：Spark 基础，掌握编程语言 Scala 的基本使用方法。

第 3 章：以流行音乐数据分析项目为载体，掌握使用 Spark RDD 进行数据挖掘、数据分析和分析结果的可视化展示。

第 4 章：以区域性房屋交易数据分析项目为主线，掌握利用 Spark SQL 对已售和在售房源的数据进行多维度的分析并对分析结果进行图表展示。

第 5 章：以基于数据挖掘的气象分析项目为基础，掌握采用 Spark SQL 实现对存储在 HBase 数据库中的气象数据进行分析，利用机器学习算法 Spark MLlib 预测未来天气。

第 6 章：以基于广告流量数据的实时分析项目为引线，掌握使用 Spark Streaming 实时分析某电商平台的广告点击量。从三个维度进行统计分析，根据分析结果进行优化，以达到最优广告的效果。

第 7 章：以基于多元分析的电影智能推荐系统项目为引导，掌握采用 Spark ALS 协同过滤推荐算法来实现个性化的电影推荐。

　　本书图文并茂，条理清晰，案例项目内容丰富，对每个知识点都配有相应的实例，力求使读者能从本书中获得很多实用的知识。本书由校企联合完成，由马卫花主持编写，张文胜和段毅参与编写并负责策划、审校和定稿，马卫花进行了统稿。

　　此外，在编写本书的过程中，杨清勇、赵向梅、刘沙沙等同人给予了很大的帮助，清华大学出版社的邓艳老师也提出了很多宝贵的意见和建议，为本书的出版付出了很多的努力，在此编者对他们表示衷心的感谢。由于作者水平有限，本书难免存在不足之处，欢迎广大读者批评指正。

编　者

目　录

基 础 篇

基础篇

第 1 章

Spark 概述

当今信息技术已成为社会生产、生活的基础和纽带，加深、强化信息化在行业的应用已成为推进社会发展的强劲动力。大数据作为信息化发展的产物，通过分析隐藏在数据背后的有用信息并集中提炼出来，总结出所研究对象的内在变化规律，帮助管理者进行有效的判断和决策。

当前在构建大数据分析平台的场景下，采用 Spark 技术不仅可以提供高性能、可扩展的数据处理能力，而且可以享受到丰富的生态系统支持，能够满足复杂的数据处理任务，帮助管理者从海量数据中提取有用信息，做出更有效的判断和决策。

1.1 认识 Spark

Apache Spark 是一个开源的多语言引擎，主要用于大规模数据处理和分析的统一计算。它旨在提供快速、易用、通用且可扩展的分布式数据处理解决方案。认识和学习 Spark 的最好方法莫过于先了解它的前辈 Hadoop，Hadoop 是创建者在对 *Google File System* 和 *MapReduce: Simplified Data Processing on Large Clusters* 两篇核心论文的理解、研究、整合基础上研发出的分布式存储系统和分布式计算框架。Apache Hadoop 的两大核心组件分别是 HDFS 和 MapReduce，主要解决了大数据的存储与计算问题。Spark 继承了 MapReduce 分布式计算的优点并在运行速度、迭代计算、执行灵活性、内存管理以及扩展性和生态系统支持等方面相对于 MapReduce 分布式编程模型进行了改进。这些改进使得 Spark 成为更加高效、灵活和强大的大数据处理框架，被广泛应用于各种大规模数据处理和分析任务中。

Apache Spark 具有如下特点。

1. 简单

Spark 支持 Java、Scala、Python 和 R 等编程语言，并且提供了多种高级 API，开发者可以灵活快速地构建并行应用程序。Spark 还提供了交互式编程，使得测试和开发更加方便快捷。

2. 运行速度快

Spark 中的弹性分布式数据集（resilient distributed datasets，RDD）是 MapReduce 模型的一种扩展和延伸，在并行计算阶段可以高效地实现基于内存的数据共享，可有效地提升运行速度。MapReduce 在执行过程中将中间结果写入分布式文件系统或其他外部的存储设备；Spark 在执行的过程中，可以将中间结果直接传递到流水作业线的下一步，减少了读写 IO 磁盘的频率，同时提高了作业执行的效率。用 Spark 和 Hadoop 实现逻辑回归算法的性能评估如图 1-1 所示，Spark 运行速度是 Hadoop 运行速度的 100 多倍。

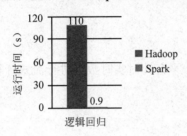

图 1-1　Hadoop 和 Spark 实现逻辑回归算法的性能评估

3. 通用

Spark 支持 SQL 分析、流式计算、机器学习和图算法等大规模数据分析，应用广泛。

4. 可扩展

Spark 可以运行在独立的集群模式上，也可以在 Amazon EC2 云环境、Hadoop YARN、Mesos 环境上运行，并且可以从 HDFS、HBase、Hive、ElasticSearch、Kafka、Redis 或其他分布式文件系统中读取数据。

1.2　了解 Spark 生态系统

Spark 是一个快速、通用的大规模数据处理平台，能够有效地处理和分析海量数据。Spark 提供了一系列的数据处理和转换模块，如 Spark SQL、Spark Streaming、Spark MLlib 和 GraphX 等。通过这些模块，用户可以进行结构化查询、流式处理、机器学习和图计算等各种数据挖掘任务。Spark 的核心模块如图 1-2 所示，这些模块相互之间具有良好的集成性，可以方便地在不同模块之间传递数据和结果，实现复杂的数据处理流程。

1. Spark Core

Spark Core 是 Spark 的核心，也是 Spark 框架运行的基础。该模块实现了 Spark 的基本功能，包含作业任务调度、内存管理、错误恢复、与存储系统的交互以及对弹性分布式数据集（RDD）API 的定义。

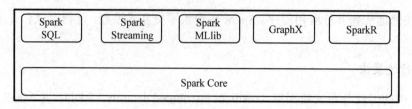

图 1-2　Spark 核心模块

2. Spark SQL

Spark SQL 是 Spark 用来操作结构化数据的程序包，可以使用 SQL 或者 Apache Hive 版本的 SQL 方言（HQL）查询数据。Spark SQL 可以支持多种数据源，如 Hive、JSON、CSV 和 HBase 等。

3. Spark Streaming

Spark Streaming 是 Spark 平台针对实时数据进行流式计算的组件，提供了丰富的处理数据流 API。

4. GraphX

GraphX 是 Spark 中用于图形或图形并行计算的新组件。

5. Spark MLlib

MLlib 是 Spark 提供机器学习功能的程序库，包括分类、回归、聚类和协同过滤等，还提供了模型评估、数据导入等程序库的功能。

1.3　Spark 环境安装

Spark 环境搭建有单机版、Spark on YARN 集群模式等多种方式，可以根据项目场景选择适合的方式安装。本书章节案例的部署运行采用的是 Spark on YARN 模式，Spark on YARN 集群模式与 Hadoop 生态系统紧密集成，不仅提供了高效的资源管理、作业调度和多租户支持，还使得 Spark 应用程序更易于使用和部署，可显著提高计算效率。下面介绍 Spark on YARN 集群模式的环境安装。在安装之前先确认虚拟机操作系统（CentOS 7.0 及以上版本）已正确安装。

Spark on YARN 环境的搭建需要至少 3 台虚拟机，其中一台虚拟机作为 Master 节点，其他虚拟机作为 Worker 节点。Master 节点负责协调整个集群的运行和资源分配，以及管理任务调度；Worker 节点负责实际的计算任务执行。集群节点分配如表 1-1 所示。

表 1-1　集群节点分配

主　机　名	IP 地址	主　机　名	IP 地址
node01	192.168.198.101	node03	192.168.198.103
node02	192.168.198.102		

Spark on YARN 集群模式的安装所需软件以及版本如表 1-2 所示。

表 1-2　集群模式安装所需软件及版本

软　件　名	版　本　号	软　件　名	版　本　号
CentOS	7.0 及以上版本	Hadoop	3.1.2
JDK	1.8.0		

Hadoop 集群部署规划的网络拓扑图如图 1-3 所示。

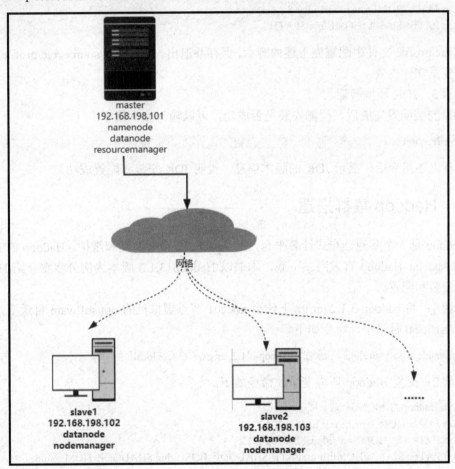

图 1-3　Hadoop 集群拓扑图

1.3.1　安装 JDK

Hadoop 集群依赖于 Java 环境，所以在搭建 Hadoop 集群前，需要先安装配置 JDK（Java development kit，Java 开发工具包）。下面就在前面规划的基础上分步骤安装和配置 JDK。

步骤 1：将 jdk-8u181-linux-x64.tar.gz 上传至 node01 节点虚拟机的/opt/software 目录下，再解压到/usr/local 目录中。命令如下所示：

```
[root@node01 software]#tar   -zxvf   jdk-8u181-linux-x64.tar.gz   -C /usr/local/
```

将解压后的文件夹重命名。

```
[root@node01 local]# mv jdk-8u181-linux-x64   /usr/local/jdk1.8
```

步骤 2：配置 JDK 环境变量。

JDK 解压后，配置 JDK 的环境变量。使用 vi /etc/profile 指令打开 profile 文件，在文件底部添加如下内容即可。

```
# 配置JDK的环境变量
export JAVA_HOME=/usr/local/jdk1.8
export PATH=$JAVA_HOME/bin:$PATH
```

在/etc/profile 文件中配置完上述内容后，保存并退出。然后执行 source /etc/profile 指令，使环境变量文件生效。

步骤 3：JDK 环境验证。

JDK 安装配置完成后，检测安装是否成功，可以输入如下指令：

```
$ java -version
```

执行上述指令后，显示 JDK 的版本信息，说明 JDK 安装和配置成功。

1.3.2 Hadoop 集群搭建

Hadoop 是一个开源分布式计算平台，由 Apache 基金会开发和维护。Hadoop 的安装包可以从 Apache Hadoop 官方网站下载，本书以 Hadoop 3.1.2 版本为例分步骤介绍 Hadoop 集群的安装和配置。

步骤 1：将 hadoop-3.1.2.tar.gz 上传至 node01 节点虚拟机的/opt/software 目录下，然后解压到/usr/local 目录中。命令如下。

```
[root@node01 software]#tar   -zxvf   hadoop-3.1.2.tar.gz   -C /usr/local/
```

步骤 2：配置 Hadoop 环境变量。命令如下。

```
# 配置Hadoop的环境变量
export JAVA_HOME=/usr/local/hadoop-3.1.2
export HADOOP_HOME=/usr/local/hadoop-3.1.2
export PATH=$JAVA_HOME/bin:$PATH:$HADOOP_HOME/bin:$HADOOP_HOME/sbin
```

在/etc/profile 文件中配置完上述内容后，保存并退出。然后执行 source /etc/profile 指令，使环境变量文件生效。

步骤 3：查看 Hadoop 版本，命令如下。

```
[root@node01 ~]# hadoop version
```

输出以下内容，表示 Hadoop 集群搭建成功。

```
Hadoop 3.1.2
```

步骤 4：配置本书案例所用的 Hadoop 分布式环境，需要修改/usr/local/hadoop-3.1.2/etc/

hadoop 目录下的 core-site.xml、hdfs-site.xml、yarn-site.xml 三个文件。

在虚拟机 node01 上，切换到/usr/local/hadoop-3.1.2/etc/hadoop 目录。命令如下。

```
[root@node01 ~]# cd /usr/local/hadoop-3.1.2/etc/hadoop/
```

（1）配置 Hadoop 集群主节点上的 core-site.xml 文件。core-site.xml 文件是 Hadoop 的核心配置文件之一，包含 HDFS 地址、端口号，以及 Hadoop 临时文件和目录的基本路径等内容。core-site.xml 文件的主要配置内容如下所示：

```
<configuration>
<property>
<name>fs.defaultFS</name>
<value>hdfs://node01:9000</value>
</property>
<!--配置Hadoop运行产生的临时数据存储目录-->
<property>
<name>hadoop.tmp.dir</name>
<value>file:/usr/local/hadoop-3.1.2/tmp</value>
</property>
<!--配置操作HDFS的缓存大小-->
<property>
<name>io.file.buffer.size</name>
<value>4096</value>
</property>
</configuration>
```

（2）配置集群主节点上的 hdfs-site.xml 文件。hdfs-site.xml 是 Hadoop 分布式系统（HDFS）的配置文件，主要配置数据存储、复制策略等内容。hdfs-site.xml 的主要配置内容如下所示：

```
<configuration>
<property>
<name>dfs.namenode.name.dir</name>
<value>file:/usr/local/hadoop-3.1.2/dfs/name</value>
</property>
<property>
<name>dfs.datanode.data.dir</name>
<value>file:/usr/local/hadoop-3.1.2/dfs/data</value>
</property>
<property>
<name>dfs.replication</name>
<value>3</value>
</property>
<property>
<name>dfs.namenode.secondary.http-address</name>
<value>node03:50090</value>
</property>
</configuration>
```

（3）配置集群主节点上的 yarn-site.xml 文件。yarn-site.xml 是 Hadoop YARN 的配置文件，主要用于配置 YARN 资源管理器（ResourceManager）和节点管理器（NodeManager）等相关属性。yarn-site.xml 的主要配置内容如下所示：

```
<configuration>
<property>
<name>yarn.resourcemanager.hostname</name>
<value>node02</value>
</property>
<property>
<name>yarn.resourcemanager.webapp.address</name>
<value>node02:8088</value>
</property>
<property>
<name>yarn.nodemanager.aux-services</name>
<value>mapreduce_shuffle</value>
</property>
</configuration>
```

步骤 5：将集群主节点的配置文件分发到其他节点。完成 Hadoop 集群主节点 node01 的配置后，还需要将系统环境配置文件、JDK 安装目录和 Hadoop 安装目录分发到其他节点 node02、node03 上，具体指令如下。

```
[root@node01 ~] scp /etc/profile node02:/etc/profile
[root@node01 ~] scp /etc/profile node03:/etc/profile
[root@node01 ~] scp -r /usr/local/hadoop-3.1.2    node02:/usr/local
[root@node01 ~] scp -r /usr/local/hadoop-3.1.2    node03:/usr/local
```

执行完上述命令后，还需要在 node02 和 node03 节点上分别执行 source /etc/profile 指令，使系统环境变量立即生效。至此，所有的节点都有了 Hadoop 运行的环境和文件，Hadoop 配置完成。

步骤 6：格式化文件系统，初次启动 HDFS 集群时，需要对主节点进行格式化处理，命令如下。

```
[root@node01 ~] hadoop    namenode   -format
```

步骤 7：启动和查看 Hadoop 进程，命令如下。

```
[root@node01 ~]# start-dfs.sh
[root@node02 ~]# start-yarn.sh
```

在虚拟机 node01 上查看进程，如下所示。

```
[root@node01 ~]# jps
8738 NodeManager
17158 Jps
8216 NameNode
8364 DataNode
```

> 📖 **说明**：以 8738 NodeManager 为例，8738 表示 NodeManager 进程的进程 ID。

在虚拟机 node02 上查看进程，如下所示。

```
[root@node02 ~]# jps
3588 DataNode
3813 ResourceManager
3966 NodeManager
13006 Jps
```

在虚拟机 node03 上查看进程，如下所示。

```
[root@node03 ~]# jps
3989 DataNode
4101 SecondaryNameNode
4218 NodeManager
13725 Jps
```

如果显示以上进程，则表示 Hadoop 分布式集群搭建成功。

> 🔔 **注意**：由于整个操作在 root 用户下搭建，再次启动虚拟机时，需要切换到 root 账户下进行相关操作。

1.3.3 Spark 安装及配置

读者可以从 Spark 官方网站下载 Spark on YARN 安装包，本书以 Spark 3.0.0 版本为例，安装包名称为 spark-3.0.0-bin-hadoop3.2.tgz，下载后上传至 node01 节点虚拟机的/opt/software 目录下，Spark on YARN 集群安装步骤如下。

1. 解压文件

在 ndoe01 节点上将安装软件解压到/usr/local 目录中。

```
[root@node01 software]#tar -zxvf spark-3.3.2-bin-hadoop2.tgz -C /usr/local/
```

将解压后的文件夹重命名。

```
[root@node01 local]# mv spark-3.3.2-bin-hadoop2 /usr/local/spark
```

2. 配置环境变量

配置 Spark 的环境变量。

```
[root@node01 software]#vim /etc/profile
export SPARK_HOME=/usr/local/spark
export PATH=$SPARK_HOME/bin:$PATH
export PATH=$SPARK_HOME/sbin:$PATH
[root@node01 software]#source /etc/profile
```

3. Spark 配置

（1）复制/usr/local/spark/conf/目录下的 spark-env.sh.template 文件，并将文件重命名为

spark-env.sh。

```
[root@node01 software]#cd /usr/local/spark/conf
[root@node01 conf]#cp spark-env.sh.template spark-env.sh
```

然后修改 spark-env.sh 文件，修改内容如下：

```
[root@node01 conf]#vim spark-env.sh
#将HADOOP_HOME属性值设置为Hadoop安装目录
export HADOOP_HOME=/opt/bdp/hadoop-3.1.2
#将HADOOP_CONF_DIR属性值设置为Hadoop安装配置文件的路径
export HADOOP_CONF_DIR=/opt/bdp/hadoop-3.1.2/etc/hadoop
#设置Spark主节点
export SPARK_MASTER_HOST=node01
#设置主节点端口
export SPARK_MASTER_PORT=7077
#设置从节点Worker并行数量
export SPARK_WORKER_CORES=1
#为Spark工作节点分配2GB的内存
export SPARK_WORKER_MEMORY=2G
#定义Spark Master节点上用于访问Web界面的端口号
export SPARK_MASTER_WEBUI_PORT=8080
#Spark配置文件的存储目录
export SPARK_CONF_DIR=/usr/local/spark/conf
#设置Java的安装路径
export JAVA_HOME=/usr/local/jdk1.8.0_144
```

（2）复制/usr/local/spark/conf/目录下的 slaves.template 文件，然后重命名为 slaves。

```
[root@ master conf]#cp  slaves.template  slaves
//参考如下设置修改slaves（切记不能出现空格和空行）
[root@ master conf]#vim  slaves
node01
node02
node03
```

（3）将 node01 节点中安装好的 Spark 分发到 node02、node03 子节点。

```
[root@node01 conf]#cd /usr/local
[root@node01 local]#scp -r /usr/local/spark root@node02:/usr/local/
[root@node01 local]#scp -r /usr/local/spark root@node03:/usr/local/
```

（4）配置 node02 节点上的 Spark 环境变量。

```
[root@node02 ~]#vim /etc/profile
export SPARK_HOME=/usr/local/spark
export PATH=$SPARK_HOME/bin:$PATH
export PATH=$SPARK_HOME/sbin:$PATH
[root@node01 ~]#source /etc/profile
```

（5）配置 node03 节点上的 Spark 环境变量。

```
[root@node03 ~]#vim /etc/profile
```

```
export SPARK_HOME=/usr/local/spark
export PATH=$SPARK_HOME/bin:$PATH
export PATH=$SPARK_HOME/sbin:$PATH
[root@node03 ~]#source /etc/profile
```

4. 启动 Hadoop 集群、Spark 服务

```
#启动Hadoop集群
[root@node01 sbin]# start-all.sh
//在node01节点的Spark安装目录下启动Spark Master
[root@node01 spark]# ./sbin/start-master.sh
//分别在node02、node03节点的Spark安装目录下启动Spark Worker
[root@node02 sbin]# start-slaves.sh yarn
[root@node03 sbin]# start-slaves.sh yarn
```

5. 查看不同节点上运行的进程

```
//查看node01节点上的进程
[root@node01 spark]# jps
39841 Jps
33410 Master
36499 DataNode
37044 NodeManager
36885 ResourceManager
33879 Worker
36351 NameNode
38207 SparkSubmit
//查看node02节点上的进程
[root@node02 sbin]# jps
20818 DataNode
22948 Worker
23228 Jps
21566 ResourceManager
20943 NodeManager
//查看node03节点上的进程
[root@node03 spark]# jps
20720 NodeManager
20595 DataNode
18213 Worker
22922 Jps
```

6. 计算圆周率 Pi 值

目录切换到 Spark 安装目录，执行如下命令：

```
[root@node01 spark]# ./bin/spark-submit   \
--class org.apache.spark.examples.SparkPi \
--master yarn \
--deploy-mode client   \
--executor-memory 1G   \
```

./examples/jars/spark-examples_2.12-3.0.0.jar

📖 说明：① bin/spark-submit：启动 Spark 提交程序的脚本。

② --class org.apache.spark.examples.SparkPi：指定要运行的 Spark 应用程序的类名，这里是 org.apache.spark.examples.SparkPi，它是 Spark 自带的示例应用程序之一，用于计算 π 的近似值。

③ --master yarn：使用 YARN 的资源管理器作为 Spark 集群的主节点。

④ --executor-memory 1G：指定每个执行器（Worker）的内存大小。这里设置为 1GB，即每个 Worker 可用的内存为 1GB，可以根据实际情况进行调整。

⑤ --deploy-mode client：Spark Driver 在提交作业的客户端机器上启动。

⑥ ./examples/jars/spark-examples_2.12-3.0.0.jar：指定要执行的 jar 包。这里使用了 Spark 自带的示例应用程序 spark-examples_2.12-3.0.0.jar。

上述步骤运行后，显示如图 1-4 的结果。

```
Pi is roughly 3.1376956884784426
```

图 1-4   计算圆周率显示结果

1.4   Spark 初体验

本节从统计英语单词个数开始，然后推导学习 Spark 的编程模型。

【例 1-1】统计文本文件 english.txt 中的英语单词个数，english.txt 文件的内容如下：

```
Hello World
Hello Spark
Hello Hello
```

完成该任务可以分为以下几个步骤。

步骤 1：上传文件。

先启动 Hadoop 集群，在 HDFS 文件系统上创建 words 目录，然后将文件 english.txt 上传至 HDFS 的 words 目录中。

```
[root@node01 opt]# hdfs dfs -mkdir /words
[root@node01 opt]# hdfs dfs -put ./data/english.txt /words
```

步骤 2：启动 Spark 交互式脚本。

```
[root@node01 bin]# ./spark-shell --master local[*]
```

上述命令运行后，可以看到 Spark 在初始化过程中的日志信息。如图 1-5 所示，显示出 Spark 艺术字体的字样和一段日志信息。日志信息中的变量 sc 是对 SparkContext 对象的引用，负责协调集群上 Spark 作业的执行。

```
Setting default log level to "WARN".
To adjust logging level use sc.setLogLevel(newLevel). For SparkR, use setLogLevel(newLevel).
Spark context Web UI available at http://node01:4040
Spark context available as 'sc' (master = local[*], app id = local-1671042896745).
Spark session available as 'spark'.
Welcome to
      ____              __
     / __/__  ___ _____/ /__
    _\ \/ _ \/ _ `/ __/  '_/
   /___/ .__/\_,_/_/ /_/\_\   version 3.0.0
      /_/

Using Scala version 2.12.10 (Java HotSpot(TM) 64-Bit Server VM, Java 1.8.0_231)
Type in expressions to have them evaluated.
Type :help for more information.

scala>
```

图 1-5　启动 Spark 交互脚本

步骤 3：编码实现英语单词个数统计。

```
scala> val lines= sc.textFile("/words/*")
scala> val words = lines.flatMap(line => line.split(" "))
scala> val wordNumber = words.map(data => (data,1))
scala> val wordCounts = wordNumber.reduceByKey(_ + _)
scala> wordCounts.collect()
```

📖**代码含义**：① 第 1 行：读取 HDFS 上 words 目录下的所有文件。

② 第 2 行：按照空格分隔单词。

③ 第 3 行：将分隔后的单个单词与 1 组合为元组，以方便计数。

④ 第 4 行：计算单词出现的次数。

⑤ 第 5 行：统计显示最后的计算结果。

上面的代码也可以用如下简写的语句。

```
scala> val wordFile = sc.textFile("/words/*")
                  .flatMap(line => line.split(" "))
                  .map(data => (data,1))
                  .reduceByKey(_ + _)
                  .collect()
```

运行代码，输出的结果如下：

```
res3: Array[(String, Int)] = Array((Hello,4), (World,1), (Spark,1))
```

步骤 4：查看 Web UI 监控页面。

在浏览器中输入"http://虚拟机的 IP 地址:4040"，如"http://192.168.198.101:4040"，可查看 Web UI 监控页面，如图 1-6 所示，在 Completed Jobs 查看完成的作业。

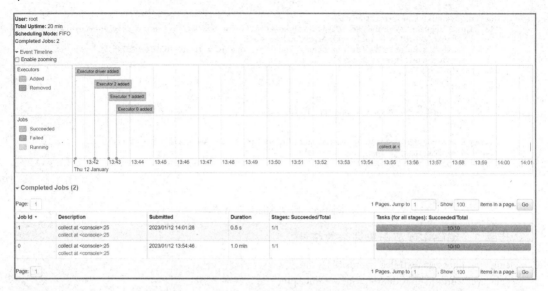

图 1-6　Web UI 监控界面

1.5　掌握 Spark 编程模型

学习 Spark 编程模型的最好方法是先了解 Hadoop 中的 MapReduce 分布式编程模型。MapReduce 是 Hadoop 的核心数据计算框架，适用于 PB 级以上的数据挖掘。MapReduce 核心思想采用的是"分而治之，迭代汇总"方法，根据数据规模的大小先把一个大的数据集拆分成若干个小数据集，然后并行运行在多台机器上，最后迭代汇总计算输出最终结果。MapReduce 运行的作业（Job）抽象成 Map（映射）和 Reduce（规约）处理 Task（任务）。MapReduce 技术的出现革新了海量数据的计算方式，为运行成百上千的并行程序提供了简单的编程模型。例如，读取文件统计英文单词的示例，对【例 1-1】仔细观察可以发现大致需要以下几个步骤：文件读取→单词分隔→单词计数→归并计算，如图 1-7 所示。前面三步可以并行处理划分为 Map 阶段，最后一步归并计算划分为 Reduce 阶段，这就是 MapReduce 的并行编程模型的简单示例。

图 1-7　采用 MapReduce 实现单词个数统计步骤

Spark 的发展是继承了 MapReduce 分布式计算的优点并引入了一个新的概念——弹性分布式数据集（RDD），RDD 是 MapReduce 模型的一种简单扩展和延伸，提升了计算的性能，使得 Spark 成为一个强大且受欢迎的分布式计算框架。将 WordCount 单词统计的简单分布式编程模型转换为如图 1-8 所示的形式表示。

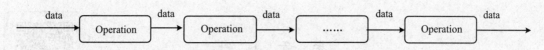

图 1-8　Spark RDD 实现单词个数统计步骤

可以看出上述的整个过程就是不断地输入数据、数据处理、数据输出完成作业（Job）的过程。Spark 中就是用 RDD 这个抽象的概念来表示数据分析处理的过程，用有向无环图（directed acyclic graph，DAG）描述弹性分布式数据集（RDD）之间的关系。Spark RDD 实现单词个数统计分析的流程图如图 1-9 所示。

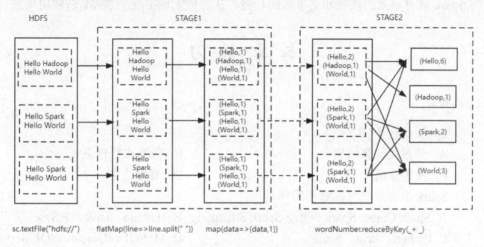

图 1-9　Spark 实现单词个数统计流程图

作业执行完后，在浏览器中输入"http://虚拟机的 IP 地址:4040"，可查看 Spark Web UI 的监控界面，同时进一步查看读取文件并统计英语单词个数的有向无环图，如图 1-10 所示。

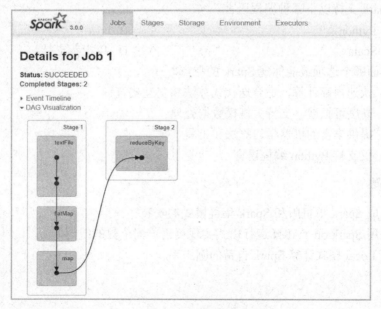

图 1-10　单词个数统计有向无环图

本 章 小 结

第 1 章课件

本章介绍了 Spark 的生态系统和 Spark 的环境安装，通过示例讲解 Spark 编程模型。Spark 作为一个分布式的计算框架，吸收并借鉴了 Hadoop 的 MapReduce 的并行计算的核心思想和工作原理，并对 MapReduce 的计算进行了升级改进。这使得 Spark 具有更高的性能和更丰富的功能，从而极大地扩展了 Spark 的应用场景。

本 章 练 习

1. 选择题

（1）Spark 是一个（　　）。

    A. 分布式计算框架　　　　　　　　B. 数据库管理系统

    C. 操作系统　　　　　　　　　　　D. 编程语言

（2）Spark 生态系统包括哪些组件？（　　）

    A. Spark Core、Spark SQL、Spark Streaming　B. Hadoop、Hive、HBase

    C. Python、Java、Scala　　　　　　D. MySQL、Oracle、SQL Server

（3）下面哪个选项描述了 Spark 的编程模型？（　　）

    A. MapReduce　　　　　　　　　　B. Lambda 架构

    C. 分布式并行计算　　　　　　　　D. 大数据存储与处理

（4）Spark 支持以下哪种编程语言？（　　）

    A. Python　　　　　　　　　　　　B. Java

    C. Scala　　　　　　　　　　　　　D. 以上都支持

（5）下面哪个选项最能体现 Spark 的特点？（　　）

    A. 快速内存计算，适合迭代式算法和交互式查询

    B. 高度可扩展，支持大规模数据处理

    C. 提供丰富的机器学习算法和工具

    D. 仅支持 Python 编程语言

2. 编程题

（1）完成 Spark 单机版和 Spark 集群模式的安装。

（2）采用 Spark on YARN 运行模式实现英语单词个数的统计。

（3）用 Local 模式计算 Spark 自带的圆周率。

第 1 章答案

第2章

Spark 基础

对于数据的处理，数据科学家都有自己熟悉且喜爱的工具，如 Java、R 或 Python 等语言。Spark 语言可以兼容多种语言，为数据科学家的应用提供了更多的便利。本书主要采用基于 Scala 语言的 Spark 完成各章节的案例开发，主要有以下几个原因。

1. 性能开销小

Spark 框架是用 Scala 语言开发的，采用 Scala 编程语言比用 Python 或 R 编程语言的算法效率更快、更准确。

2. 支持函数式编程

Scala 是一门功能强大的函数式编程语言，它提供了许多函数式编程的特性，如高阶函数、匿名函数和不可变数据结构等，这些特性可以高效、灵活地处理数据并行分析计算。

3. 社区支持和生态系统

Scala 拥有庞大而活跃的社区，有丰富的文档、教程和开源工具库可供使用。

4. 有助于更好地理解 Spark 的工作原理

即使在 Python 或 R 中调用 Spark，API 仍然反映了底层计算原理，如果了解了 Scala 就可以更好地理解 Spark 的工作原理。

另外，在 Scala 中使用 Spark 实现数据分析，可以实现在同一环境上完成数据转换到分析的过程。

2.1 Scala 初识

Scala（scalable language）是一门多范式（multi-paradigm）的编程语言。设计初衷就是集成面向对象编程和函数式编程的各种特性，以便在大规模应用程序开发中提供更高的扩展性和灵活性。

    Scala 运行在 Java 虚拟机（Java virtual machine，JVM）上并兼容现有的 Java 程序，Scala 源代码被编译成 Java 字节码，可以运行在 JVM 上，也可以调用现有的 Java 类库。Scala 语言为开发者提供了一种可扩展、高性能和易于维护的编程选择，目前在众多领域已得到了广泛应用。

    在学习 Scala 之前先完成 Scala 编程环境的安装，Scala 安装步骤如下所示。

    （1）打开 Scala 的官方网站：https://www.scala-lang.org/。

    （2）单击网站页面底部 Download 中的 All versions 选项，如图 2-1 所示。

图 2-1　下载 Scala 安装包页面

    （3）选择适合当前电脑操作系统的版本，然后下载对应安装包。本章案例下载的是适用 Windows 操作系统的 Scala 2.12.12 版本。

    （4）下载完成后，根据安装向导完成 Scala 的安装。

2.1.1　学习使用 Scala 解释器

    开始学习 Scala 的最简单方法就是使用 Scala 交互式解释器（REPL），它是编写 Scala 表达式和程序交互式的"shell"。只要在解释器中输入表达式，就能输出计算的结果。在 Windows 命令窗口中输入"scala"，显示内容如下：

```
Welcome to Scala 2.12.12 (Java HotSpot(TM) 64-Bit Server VM, Java 1.8.0_131).
Type in expressions for evaluation. Or try :help.
scala>
```

    在 Scala 的交互式解释器（REPL）中输入表达式"10+20"，按 Enter 键后显示如下结果：

```
scala>10 + 20
res0: Int = 30
```

2.1.2　Scala 变量定义

    Scala 有两种变量：val 和 var。val 类似于 Java 中的 final 变量，一旦初始化了就不能再赋值。var 如同 Java 中的非 final 变量，可以在它的生命周期内被多次赋值。

1. val 定义变量

val 定义变量语法格式：

val 变量名:数据类型 = 初始值

```
val message:String = "hello world!"
val number: Int =10
val isTrue : Boolean =true
```

2. var 定义变量

var 定义变量语法格式：

var 变量名:数据类型 = 初始值

```
var count: Int =0
var name: String = "Bob"
var isRunning:Boolean = false
```

> 🔔 **注意**：Scala 是一门静态类型语言，变量定义时需要指定数据类型。当初始值提供时，Scala 可以根据初始值的类型进行自动推导，从而省略类型声明。

```
scala> val message ="Hello World!"
message: String = Hello World
```

这个语句是引入 message 作为字符串"Hello World"的变量名。它的类型是 java.lang.String 类型，Scala 有类型自动推导的能力，能让 Scala 自动理解语句中省略的数据类型。在给 message 重新赋值时，会提示如下错误信息，因为 val 声明的变量不能再赋值。

```
scala> message = "Hello Scala"
<console>:12: error: reassignment to val
          message = "Hello Scala"
```

如果需要重新赋值，可以采用 var，代码如下：

```
scala> var message="Hello World"
message: String = Hello World
scala> message = "Hello Scala"
message: String = Hello Scala
```

2.1.3　Scala 数据类型

Scala 是一种静态类型语言，可支持多种数据类型，如表 2-1 所示。

表 2-1　Scala 数据类型

序　　号	数 据 类 型	描　　　　　述
1	Byte	8 位有符号值，范围从-128 至 127
2	Short	16 位有符号值，范围从-32768 至 32767

序　号	数据类型	描　　述
3	Int	32 位有符号值，范围从-2147483648 至 2147483647
4	Long	64 位有符号值，范围从-9223372036854775808 至 922337203685477-5807
5	Float	32 位 IEEE 754 单精度浮点值
6	Double	64 位 IEEE 754 双精度浮点值
7	Char	16 位无符号 Unicode 字符，范围从 U+0000 到 U+FFFF
8	String	一个 Char 类型序列
9	Boolean	true 或 false
10	Unit	对应于无值，和其他语言中的 void 作用相同，用作不返回任何值的结果类型
11	Null	null 或空引用
12	Nothing	其他所有类型的子类型
13	Any	任何类型的超类型；任何对象的类型为 Any
14	AnyRef	任何引用类型的超类型

Scala 中所有数据类型都是对象，Scala 中没有类似 Java 中的原始类型。

2.1.4　Scala 算术运算符

从技术层面讲，Scala 没有操作符重载，因为它根本没有传统意义上的操作符，取而代之的是诸如+、-、*、/、%这样的字符，可以用来作方法名。因此 Scala 解释器在执行 3 + 6 时，实际上是在 Int 对象 3 上调用名为+的方法，并把 6 当作参数传递给它。

Scala 中常见的算术运算符如表 2-2 所示。

表 2-2　Scala 算术运算符

算术运算符	说　　明	示　　例
+	两个数相加	10+20 或 10.+(20)
-	两个数相减	10-20 或 10.-(20)
*	两个数相乘	10*20 或 10.*(20)
/	两个数相除	10/20 或 10./(20)
%	两个数取余	10%20 或 10.%(20)

🔔注意：Scala 算术运算符适用于整数、浮点数和字符类型。对于字符串类型，只有加法运算符可以进行字符串的拼接操作。

【例 2-1】Scala 算术运算符示例代码及运行结果。

```
scala> val a =10
a: Int = 10
scala> val b = 20
b: Int = 20
```

```
scala> val c = 25
c: Int = 25
scala> val d = 25
d: Int = 25
scala> println("a+b="+(a+b))
a+b=30
scala> println("a-b="+(a-b))
a-b=-10
scala> println("a*b="+(a*b))
a*b=200
scala> println("b/a="+ (b/a))
b/a=2
scala> println("a % c="+(a % c))
a % c=10
```

2.1.5　Scala 关系运算符

Scala 关系运算符如表 2-3 所示。

表 2-3　Scala 关系运算符

关系运算符	说　明	示　例
>	判断左侧的值是否大于右侧的值	10>20 或 10.>(20)
>=	判断左侧的值是否大于或等于右侧的值	10>=20 或 10.>=(20)
<=	判断左侧的值是否小于或等于右侧的值	10<=20 或 10.<=(20)
==	判断两个值是否相等。对于引用类型，比较的是对象内容是否相等	10==20 或 10.==(20)
!=	判断两个值是否相等	10!=20 或 10.!=(20)

🔔注意：这些关系运算符的返回结果是 Boolean 类型（true 或 false），表示是否满足相应的条件。

【例 2-2】Scala 关系运算符示例代码及运行结果。

```
scala> val   a = 10
a: Int = 10
scala> val   b = 20
b: Int = 20
scala> println("a == b = " + (a == b))
a == b = false
scala> println("a != b = " + (a != b))
a != b = true
scala> println("a > b = " + (a > b))
a > b = false
scala> println("a < b = " + (a < b))
a < b = true
scala> println("b >= a = " + (b >= a))
b >= a = true
scala> println("b <= a = " + (b <= a))
b <= a = false
```

2.1.6 Scala 逻辑运算符

Scala 逻辑运算符如表 2-4 所示。

表 2-4 Scala 逻辑运算符

逻辑运算符	说　明	示　例
&&	用于判断两个表达式是否同时为真。当且仅当两个表达式都为真时，整个表达式的结果才为真	3>6 && 4<5 或 3>6.&&(4<5)
||	用于判断两个表达式是否至少有一个为真。当且仅当两个表达式中至少有一个为真时，整个表达式的结果才为真	3>6 || 4<5 或 3>6.||(4<5)
!	用于对一个表达式取反。如果表达式为真，则结果为假；如果表达式为假，则结果为真	!(3>6)

注意：逻辑运算符只能用于 Boolean 类型的操作数，返回的结果也为 Boolean 类型。另外，在 Scala 中可以使用短路求值来提高效率。短路求值是指逻辑运算符在遇到第一个能够确定整个表达式结果的操作数时，停止对后续操作数的求值。例如，对于与运算符（&&），当左侧表达式为假时，右侧表达式不会被求值；对于或运算符（||），当左侧表达式为真时，右侧表达式不会被求值。

【例 2-3】逻辑运算符示例代码及运行结果。

```
scala> 3>6 && 4<5
res13: Boolean = false
scala> 3>6 || 4<5
res14: Boolean = true
scala> !(3>6)
res15: Boolean = true
```

2.1.7 Scala 选择结构

Scala 多分支选择结构基本语法如下：

```
if(条件表达式1){
    执行代码块1
}else if(条件表达式2){
    执行代码块2
}
...
else{
    执行代码块n
}
```

说明：当条件表达式 1 成立时，即执行代码块 1；如果表达式 1 不成立，才去判断表达式 2 是否成立，如果表达式 2 成立，就执行代码块 2；以此类推，如果所有的表达式都不成立，则执行 else 中的代码块，注意只能有一个执行入口。

【例 2-4】计算用户购物消费：商家通常会对自己店铺的会员有所优惠，假设金卡会员消费打九折，普通会员消费打九五折，非会员用户消费打九九折。输入用户的消费金额，根据会员情况，输出最后应付的金额。

```scala
scala> import scala.io.StdIn                    //该包提供了用于读取标准输入的功能
import scala.io.StdIn
scala> var consume = StdIn.readDouble()         //用户消费金额
consume: Double = 100.0
scala> val flag = StdIn.readInt()               //1对应金卡会员；2对应普通会员；3对应非会员
flag: Int = 1
scala>   if(flag ==1){
     |       consume = consume * 0.9
     |   }else if(flag ==2){
     |       consume = consume * 0.95
     |   }else{
     |       consume = consume * 0.99
     |   }
scala> println("用户应付金额： "+consume)
```

📖说明：跨行输入代码时如果输入到行尾还没结束，按 Enter 键后，解释器将在下一行回应一个竖线。

运行代码，输出结果如下：

```
用户应付金额：90.0
```

2.1.8　Scala 循环结构

Scala 为 for 循环控制结构提供了多种灵活的形式，这些 for 循环的特性被称为 for 推导式（for comprehension）或 for 表达式（for expression）。

1. 简单 for 循环

其基本语法如下：

```
for(变量 <- 表达式/集合){
    循环体
}
```

📖说明：这种形式的 for 循环用于遍历一个表达式的结果或者集合。在每次迭代时，变量会被赋值为表达式的结果或集合的当前元素，并执行循环体。

【例 2-5】计算 n 个整数的和：输入一个小于 1000 的整数 n，计算 $1+2+3+\cdots+n$ 的值。

```scala
scala> val n = StdIn.readInt()
n: Int = 100
scala> var sum = 0
sum: Int = 0
scala> for(i <- 1 to n){
```

```
        |       sum += i
        |}
scala> println(s"The sum of numbers from 1 to $n is: $sum")
```

运行代码，输出结果如下：

```
The sum of numbers from 1 to 100 is: 5050
```

2. 带有条件的 for 循环（过滤器）

其语法结构如下：

```
for(变量 <- 表达式/集合  if 条件){
      循环体
}
```

📖 **说明：** 这种形式的 for 循环在迭代时可以使用 if 判断语句进行过滤。只有满足条件的元素才会执行循环体，如果有多个过滤条件，则用分号隔开。

【例 2-6】 过滤符合条件的数：打印 1 到 10 区间中大于 6 的偶数。

```
scala> for(i<- 1 to 10;if i%2==0;if i>6){
        |       println(i)
        |    }
```

运行代码，输出结果如下：

```
8
10
```

3. 嵌套 for 循环

其语法结构如下：

```
for(变量1 <- 表达式/集合1；变量2 <- 表达式/集合2){
      循环体
}
```

📖 **说明：** 这种形式的 for 循环可以嵌套在其他 for 循环中，用于处理多个变量或多个集合的组合情况，内部的循环会在外部循环的每次迭代中执行。

【例 2-7】 使用 for 循环打印九九乘法表。

```
scala> for(i<- 1 to 9;j<- 1 to i){
        |       print(i + "*" + j + "=" + (i * j)+ " ")
        |       if(j == i)
        |       println()
        |}
```

运行代码，输出结果如下：

```
1*1=1
2*1=2 2*2=4
3*1=3 3*2=6 3*3=9
4*1=4 4*2=8 4*3=12 4*4=16
5*1=5 5*2=10 5*3=15 5*4=20 5*5=25
6*1=6 6*2=12 6*3=18 6*4=24 6*5=30 6*6=36
7*1=7 7*2=14 7*3=21 7*4=28 7*5=35 7*6=42 7*7=49
8*1=8 8*2=16 8*3=24 8*4=32 8*5=40 8*6=48 8*7=56 8*8=64
9*1=9 9*2=18 9*3=27 9*4=36 9*5=45 9*6=54 9*7=63 9*8=72 9*9=81
```

2.1.9　Scala 数组

Scala 语言中提供的数组是用来存储固定大小的同类型元素，数组中某个指定的元素是通过索引来访问的，索引值从 0 开始。

【例 2-8】定义一维数组并遍历数组元素。

```
scala> val arr:Array[Int] = new Array[Int](3)    //创建了一个长度为 3 的整数类型数组
arr: Array[Int] = Array(0, 0, 0)
scala> arr(0) = 10
scala> arr(1) = 20
scala> arr(2) = 30
scala> for(i <- 0 to arr.length -1){
     | println(arr(i))
     | }
```

运行代码，输出的结果如下：

```
10
20
30
```

注意：Scala 数组的长度是固定的，一旦创建后就无法改变。如果需要动态增加或删除元素，可以考虑使用可变集合类型，如 ListBuffer 或 ArrayBuffer。

Scala 中的数组类提供了许多常用的操作函数，以便于对数组进行各种操作，常用的数组操作函数如表 2-5 所示。

表 2-5　Scala 中数组类常用方法

方　法　名	描　　述
def length:Int	返回数组长度
def head:A	返回数组的第一个元素，类型参数 A 表示数组中元素的类型
def tail:Array[A]	包含除第一个元素之外的所有元素，返回一个新的 Array 对象。类型参数 A 表示数组元素的数据类型
def isEmpty:Boolean	判断数组是否为空

方 法 名	描 述
def sum: A	返回数组中所有元素的总和
def max[B >: A] A	返回数组中最大元素值，类型 A 表示数组元素的类型，而类型 B 则表示比类型 A 更大的类型
def min[B >: A] A	返回数组中最小元素值。类型 A 表示数组元素的类型，而类型 B 则表示比类型 A 更大的类型
def ++(that:Array[A]):Array[A]	数组连接操作符，用于将两个数组连接起来

【例 2-9】Scala 中数组常用方法示例。

```
scala> val array = Array(10,20,30,40,50,60)
array: Array[Int] = Array(10, 20, 30, 40, 50, 60)
scala> array.length
rcs31: Int = 6
scala> array.head
res32: Int = 10
scala> array.tail
res33: Array[Int] = Array(20, 30, 40, 50, 60)
scala> array.isEmpty
res34: Boolean = false
scala> array.sum
res35: Int = 210
scala> array.max
res36: Int = 60
scala> array.min
res37: Int = 10
scala> val array1 = Array(1,2,3)
array1: Array[Int] = Array(1, 2, 3)
scala> val array2 = Array(4,5,6)
array2: Array[Int] = Array(4, 5, 6)
scala> val combineArray = array1 ++ array2
combineArray: Array[Int] = Array(1, 2, 3, 4, 5, 6)
```

2.1.10　Scala 函数

在 Scala 中函数像变量一样被视为"一等公民"，既可以作为函数的参数使用，也可以将函数赋值给一个变量，这种特性提高了函数在编程中的灵活性，能够方便地应用于各种场景。

1. 基本函数

其定义语法如下：

```
def functionName([param1:Type1],[param2:Type2],...)[:ReturnType]={
    函数体
}
```

语法结构中各部分含义如下：

函数声明关键字为 def（definition）；

[param1:Type1], [param2:Type2], …：表示函数输入参数列表，如果有多个参数用逗号分隔；

[:ReturnType]：表示函数的返回值类型。

函数体可以包含一条或多条语句，最后一条语句的结果将作为函数的返回值。

定义一个函数来比较两个数的大小，并输出最大值，如图 2-2 所示。

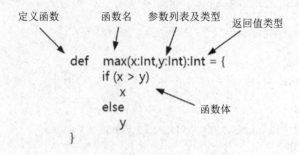

图 2-2　Scala 编程语言函数定义

【例 2-10】比较两个数的大小并输出最大值。

```
scala> def max(x:Int,y:Int):Int={
     |      if(x > y)
     |          x
     |      else
     |          y
     |   }
max: (x: Int, y: Int)Int
scala>   val result = max(13,25) //调用函数
result: Int = 25
```

2. 匿名函数

匿名函数即在定义函数的时候不给出函数名，使用箭头 "=>" 定义，箭头左边是参数列表，箭头的右边是函数体。定义匿名函数的语法格式如下：

```
val funcitonName = (param1:Type1,param2:Type2,...) => {
    函数体
}
```

【例 2-11】定义匿名函数实现计算两个数的和。

```
scala> val addInt = (x:Int,y:Int)=>x + y
addInt: (Int, Int) => Int = $Lambda$1249/1992379009@5b90faea
scala> addInt(10,20)
res39: Int = 30
```

📖 **说明**：如果函数中的每个参数在函数中最多只出现一次，则可以使用占位符 "_" 代替参数，代码如下：

```scala
scala>   val addInt = (_:Int) + (_:Int)
addInt: (Int, Int) => Int = $Lambda$1252/438159424@20bb35f3
scala> addInt(10,20)
res40: Int = 30
```

如果函数体中包含多条语句，则用花括号括起来。

【**例 2-12**】创建一个包含多条语句的匿名函数。

```scala
scala> val sum = (a:Int,b:Int)=>{
     |     val c = a * 10
     |     val d = b * 5
     |     val result = c + d
     |     result
     |}
sum: (Int, Int) => Int = $Lambda$1258/960594222@2fa4df9b
scala> val num1 = 10
num1: Int = 10
scala> val num2 = 20
num2: Int = 20
scala> val result = sum(num1,num2)
result: Int = 200
```

3. 高阶函数

在 Scala 中，高阶函数是指使用其他函数作为参数，或者返回一个函数作为结果的函数。采用高阶函数可以提高代码的灵活性、减少重复代码、增加可读性和可维护性。

【**例 2-13**】函数作为参数的高阶函数。

```scala
scala> def addInt(f:(Int,Int)=>Int,a:Int,b:Int) = f(a,b)
addInt: (f: (Int, Int) => Int, a: Int, b: Int)Int
scala> var result = addInt((a:Int,b:Int) => a + b,10,20)
result: Int = 30
scala> var result1 = addInt((a:Int,b:Int)=>a * b,10,20)
result1: Int = 200
```

【**例 2-14**】函数作为返回值的高级函数。

```scala
scala> def multiplyBy(factor: Int): Int => Int = {
     |    (x:Int) => x * factor
     |}
multiplyBy: (factor: Int)Int => Int
scala> val multiplyByTwo = multiplyBy(2)
multiplyByTwo: Int => Int = $Lambda$1262/1274472422@1122b48c
scala> val multiplyByThree = multiplyBy(3)
multiplyByThree: Int => Int = $Lambda$1262/1274472422@1b1cd2c3
scala> val result1 = multiplyByTwo(5)
```

```
result1: Int = 10
scala> val result2 = multiplyByThree(5)
result2: Int = 15
```

代码中定义了一个高阶函数 multiplyBy，它接收一个整型参数 factor，并返回一个新的函数。返回的函数接收一个整型参数 x，计算 x 与 factor 的积。然后使用 multiplyBy 函数创建了两个新的函数 multiplyByTwo 和 multiplyByThree，分别接收的参数为 2 和 3。最后调用 multiplyByTwo(5)和 multiplyByThree(5)这两个新的函数，分别得到 result1 和 result2 的值为 10 和 15。

4. 柯里化

柯里化（currying）指的是一种将多个参数的函数转换为一系列接收单个参数的函数的过程。柯里化的函数被应用于多个参数列表，而不仅仅是一个参数。

【例 2-15】定义一个未被柯里化的函数，计算两个整数类型参数的和。

```
scala> def   addInt(x:Int, y:Int)= x + y
addInt: (x: Int, y: Int)Int
scala> addInt(10,20)
res42: Int = 30
```

【例 2-16】将【例 2-15】代码中的函数柯里化。

```
scala> def addInt(x:Int)(y:Int)=x+y
addInt: (x: Int)(y: Int)Int
scala> addInt(10)(20)
res43: Int = 30
```

当调用柯里化函数 addInt 方法时，实际上接连调用了两个传统函数。第一个函数调用带单个参数名为 x 的 Int 参数，并返回第二个函数的函数值，第二个函数带 Int 参数 y。定义并调用函数柯里化的过程，如下所示：

```
scala> def first(x:Int) =(y:Int)=>x+y
first: (x: Int)Int => Int
```

调用第一个函数传递参数值 10，会产生第二个函数，代码如下：

```
scala> val second = first(10)
second: Int => Int = <function>
```

在第二个函数上传递参数 20，计算最后的结果如下：

```
scala> second(20)
res44: Int = 30
```

以上只是柯里化的演示过程，通过柯里化语法，可以将 addInt 函数转换为一个接收整型参数 x 的函数，并返回另一个接收整型参数 y 的函数。这样就可以先传递一个参数给 addInt，得到一个新的函数，然后传递第二个参数得到最终的结果。

2.1.11 Scala 元组

Scala 元组是一种不可变的数据结构，用于存储和组合不同类型的数据元素。Scala 中元组可以存放多个元素，最多只能有 22 个元素。

【例 2-17】创建一个包含 3 个元素的元组。

```
scala> val tuple:(Int,Double,String)=(10,3.14,"Bob")
tuple: (Int, Double, String) = (10,3.14,Bob)
```

元组类型为(Int, Double, String)，第一个元素是整型类型，第二个元素是 Double 类型，第三个元素是 String 类型。从元组中获取元素的方法，可以通过_1、_2、_3 等索引访问元素，索引下标从 1 开始。

【例 2-18】通过索引访问元素。

```
scala> val firstElement = tuple._1          //访问元组中的第一个元素
firstElement: Int = 10
scala> val secondElement = tuple._2         //访问元组中的第二个元素
secondElement: Double = 3.14
scala> val thirdElement = tuple._3          //访问元组中的第三个元素
thirdElement: String = Bob
```

注意：Scala 中提供了最多可以包含 22 个元素的元组，如需要存储更多元素，可以考虑使用集合或自定义数据结构。

2.1.12 Scala 集合

Scala 中的集合（collection）分为两种：一种是可变集合；另一种是不可变集合。可变集合可以被添加、修改、删除；不可变集合执行添加、删除、更新操作后返回的是新集合，原来的集合保持不变。对于几乎所有的集合类，Scala 都同时提供了可变（mutable）和不可变（immutable）的版本。

Scala 的集合有三大类：序列（Sequences）、集（Sets）和映射（Maps）。

序列（Sequences）：序列是有序的集合，序列中的元素可以按照线性访问，它包括 List（列表）、Array（数组）、Vector（向量）等。序列中的元素可以重复，且每个元素都有一个索引来访问。

集（Sets）：集是无序的集合，其中的元素不会重复。它包括 Set（集合）、SortedSet（有序集合）等。Sets 集可以用于判断某个元素是否存在于集合中，并且支持常见的集合操作，如交集、并集、差集等。

映射（Maps）：映射是键值对的集合，其中每个元素都由键和关联的值组成。

1. List 集合

在 Scala 中，List 集合表示一个不可变的有序集合。

【例 2-19】使用 List()或 Nil 创建一个空列表。

```scala
scala> val emptyList = List()
emptyList: List[Nothing] = List()
scala> val emptyList2 = Nil
emptyList2: scala.collection.immutable.Nil.type = List()
```

【例 2-20】使用 List 构造函数创建包含元素的 List 集合。

```scala
scala> val fruit:List[String] = List("apple","pears","oranges")
fruit: List[String] = List(apple, pears, oranges)
scala> val nums:List[Int] = List(1,2,3,4,5)
nums: List[Int] = List(1, 2, 3, 4, 5)
scala> val double_nums:List[Double] = List(1.0,2.5,3.3)
double_nums: List[Double] = List(1.0, 2.5, 3.3)
```

Scala 中构造列表也可以用 Nil 和 "::"。Nil 表示空列表，"::"表示中缀字符。

【例 2-21】使用 "::" 构造列表。

```scala
scala> val fruit:List[String] = "apple"::"pears"::"oranges"::Nil
fruit: List[String] = List(apple, pears, oranges)
```

List 集合常用的方法如表 2-6 所示。

表 2-6　List 集合常用方法

方　　法	描　　述
def ::(x:A): List[A]	在列表头部添加元素，并返回新的列表
def :+(elem:A):List[A]	在列表尾部添加元素，并返回新的列表
def fill(n:Int)(elem:=> A):List[A]	根据指定的长度和元素值创建一个新的列表
def sorted[B >: A](implicit ord:Ordering[B]) :List[A]	升序排列列表元素
def sortBy[B](f: (A) => B)(implicit ord: Ordering[B]): List[A]	根据函数 f 返回的值对集合进行排序，并返回排序后的集合
def foreach[U](f:A=>U)	将函数应用到列表的每个元素
def map[B](f: (A) => B): List[B]	对集合中的每个元素应用函数 f，返回应用后的结果并组成新集合
def flatten[B]: List[B]	将嵌套的集合展平为一个单层集合
def flatMap[B](f: (A) => IterableOnce[B]): List[B]	该方法先对集合中的每个元素应用函数 f，然后将结果展平为一个单层集合
def reduce[A1 >: A](op: (A1, A1) => A1): A1	使用二元运算符 op 对集合中的元素进行规约运算，返回最终的结果
def fold[A1 >: A](z: A1)(op: (A1, A1) => A1): A1	方法与 reduce 类似，但需要指定一个初始值 z，用来处理空集合的情况
def filter(p: (A) => Boolean): List[A]	对集合中的元素进行过滤，返回满足条件的元素并组成的新集合，
def count(p: (A) => Boolean): Int	返回集合中满足条件的元素个数
def groupBy[K](f: (A) => K): Map[K, List[A]]	根据函数 f 对集合中的元素进行分组，并返回一个以分组键为键、以分组结果为值的 Map 集合

【例 2-22】利用 "::" 运算符将元素添加到列表的头部。

```
scala> val list1 = 1::2::3::Nil
list1: List[Int] = List(1, 2, 3)
scala> val list2 = list1 :: List(10,20)
list2: List[Any] = List(List(1, 2, 3), 10, 20)
```

【例 2-23】利用 ":+" 运算符将元素追加到列表的尾部。

```
scala> val list1 = List(1,2,3)
list1: List[Int] = List(1, 2, 3)
scala> val list2 = list1 :+ 4
list2: List[Int] = List(1, 2, 3, 4)
```

【例 2-24】利用 fill 方法创建一个指定长度并用给定的元素填充列表。

```
scala> val list3 = List.fill(3)("scala")
list3: List[String] = List(scala, scala, scala)
```

【例 2-25】利用 sorted 方法升序排列列表元素。

```
scala> val list4 = List(60,30,70,5)
list4: List[Int] = List(60, 30, 70, 5)
scala> list4.sorted
res46: List[Int] = List(5, 30, 60, 70)
```

【例 2-26】利用 sortBy 方法根据函数返回值对集合中的元素进行排序。

```
scala> val list5 = List("B","D","A","C")
list5: List[String] = List(B, D, A, C)
scala> list5.sortBy(x=>x.charAt(0))
res47: List[String] = List(A, B, C, D)
```

【例 2-27】利用 foreach 方法将函数应用到列表的每个元素。

```
scala> val list6 = List(1,2,3)
list6: List[Int] = List(1, 2, 3)
scala> list6.foreach(x=>println(x * x))
1
4
9
```

【例 2-28】利用 map 方法对集合中的每个元素应用函数。

```
scala> val list7 = List(10,20,30)
list7: List[Int] = List(10, 20, 30)
scala> val mappedList7 = list7.map(x=>x * 2)
mappedList7: List[Int] = List(20, 40, 60)
```

【例 2-29】利用 flatten 方法将嵌套的集合展平为一个单层集合。

```
scala> val list8 = List(List(1,2),List(3,4),List(5,6))
list8: List[List[Int]] = List(List(1, 2), List(3, 4), List(5, 6))
scala> val flattenedList = list8.flatten //把一个二维的列表展开成一个一维的列表
```

```
flattenedList: List[Int] = List(1, 2, 3, 4, 5, 6)
```

flatMap 方法对集合中的每个元素应用函数，然后将结果展平为一个单层集合。flatMap 结合了 map 和 flatten 的功能，接收一个可以处理嵌套列表的函数，然后把返回的结果连接起来。

【例 2-30】flatMap 方法应用。

```
scala> val list9 = List("A,B,C","D,E,F")
list9: List[String] = List(A,B,C, D,E,F)
scala> val flatMappedList=list9.flatMap(x=>x.split(","))
flatMappedList: List[String] = List(A, B, C, D, E, F)
```

【例 2-31】利用 reduce 方法使用指定的二元运算符对列表进行规约操作。

```
scala> val list10 = List(1,2,3,4)
list10: List[Int] = List(1, 2, 3, 4)
scala> val result1 = list10.reduce((x,y)=>x+y)
result1: Int = 10
```

fold 方法与 reduce 类似，但需要指定一个初始值。

【例 2-32】fold 方法应用。

```
scala> val list11 = List(1,2,3,4)
list11: List[Int] = List(1, 2, 3, 4)
scala> val result2 = list11.fold(10)((x,y)=>x + y)
result2: Int = 20
```

【例 2-33】利用 filter 方法根据给定的条件筛选列表中的元素。

```
scala> val list12 = List(1,2,3,4)
list12: List[Int] = List(1, 2, 3, 4)
scala> val filteredList = list12.filter(x=>x % 2 == 0)
filteredList: List[Int] = List(2, 4)
```

【例 2-34】利用 count 方法计算满足条件的元素个数。

```
scala> val list13 = List(1,2,3,4)
list13: List[Int] = List(1, 2, 3, 4)
scala> val count1 = list13.count(x => x % 2 ==0)
count1: Int = 2
```

【例 2-35】利用 groupBy 方法根据给定的函数将列表中的元素分组。

```
scala> val list14 = List(1,2,3,4,5,6)
list14: List[Int] = List(1, 2, 3, 4, 5, 6)
scala> val groupedMap = list14.groupBy(x => x % 2 ==0)    //实现奇偶数分组
groupedMap: scala.collection.immutable.Map[Boolean,List[Int]] = Map(false -> List(1, 3, 5), true -> List(2, 4, 6))
```

2. Set 集合

Set 是一个无序且无重复的集合，默认情况下，Scala 使用的是不可变集合（immutable

collection）。

【例 2-36】使用 Set 关键字创建空集合。

```
scala> val emptySet:Set[Int] = Set()
emptySet: Set[Int] = Set()
```

【例 2-37】使用 Set 关键字创建包含元素的集合。

```
scala> val set : Set[String] = Set("apple","banana","orange")
set: Set[String] = Set(apple, banana, orange)
```

Set 集合常用方法如表 2-7 所示。

表 2-7　Set 集合常用方法

方　　法	描　　述
def ++(elems: IterableOnce[A]): Set[A]	该方法将当前集合和另一个可迭代对象（如 Set、List 等）中的元素合并为一个新的 Set 集合
def filter(p: (A) => Boolean): Set[A]	对集合中的元素进行过滤，返回满足条件的元素并组成新的 Set 集合
def intersect(that: collection.Set[A]): Set[A]	返回两个 Set 集合的交集
def diff(that: collection.Set[A]): Set[A]	返回两个 Set 集合的差集
def size: Int	返回集合的元素个数
def toList: List[A]	将 Set 集合转换为 List 集合

【例 2-38】利用"++"运算符将两个 Set 集合合并为一个新的 Set 集合。

```
scala> val set1 = Set(1,2,3)
set1: scala.collection.immutable.Set[Int] = Set(1, 2, 3)
scala> val set2 = Set(3,5,6)
set2: scala.collection.immutable.Set[Int] = Set(3, 5, 6)
scala> val mergedSet = set1 ++ set2
mergedSet: scala.collection.immutable.Set[Int] = Set(5, 1, 6, 2, 3)
```

【例 2-39】利用 filter 方法对集合中的元素进行过滤。

```
scala> val set3 = Set(1,2,3,4,5)
set3: scala.collection.immutable.Set[Int] = Set(5, 1, 2, 3, 4)
scala> val filteredSet = set3.filter(x => x % 2 ==0)
filteredSet: scala.collection.immutable.Set[Int] = Set(2, 4)
```

【例 2-40】利用 intersect 方法返回两个 Set 集合的交集并组成新的 Set 集合。

```
scala> val set4 = Set(1,2,3)
set4: scala.collection.immutable.Set[Int] = Set(1, 2, 3)
scala> val set5 = Set(3,4,5)
set5: scala.collection.immutable.Set[Int] = Set(3, 4, 5)
scala> val commonElements = set4.intersect(set5)
commonElements: scala.collection.immutable.Set[Int] = Set(3)
```

【例 2-41】利用 diff 方法返回两个 Set 集合的差集。

```
scala> val set6 = Set(1,2,3,4,5)
set6: scala.collection.immutable.Set[Int] = Set(5, 1, 2, 3, 4)
scala> val set7 = Set(4,5,6,7)
set7: scala.collection.immutable.Set[Int] = Set(4, 5, 6, 7)
scala> val diffSet = set6.diff(set7)
diffSet: scala.collection.immutable.Set[Int] = Set(1, 2, 3)
```

【例 2-42】利用 size 方法返回集合的元素个数。

```
scala> val set8 = Set(1,2,3,4,5)
set8: scala.collection.immutable.Set[Int] = Set(5, 1, 2, 3, 4)
scala> val setSize = set8.size
setSize: Int = 5
```

【例 2-43】利用 toList 方法将 Set 集合转换为 List 集合。

```
scala> val set9 = Set(1,2,3)
set9: scala.collection.immutable.Set[Int] = Set(1, 2, 3)
scala> val list=set9.toList
list: List[Int] = List(1, 2, 3)
```

3. Map 集合

在 Scala 中 Map 是一种键值对（key-value）的集合，其中每个键是唯一的，所有的值都可以通过键值获取。

【例 2-44】使用 Map 关键字创建 Map 对象。

```
scala> val emptyMap:Map[String,Int] = Map()
emptyMap: Map[String,Int] = Map()
```

【例 2-45】使用 Map 关键字创建包含键值对的 Map 对象。

```
scala> val map1:Map[String,Int]=Map("张飞"->20,"小梦"->19,"小雨"->18)
map1: Map[String,Int] = Map(张飞 -> 20, 小梦 -> 19, 小雨 -> 18)
scala> val map2=Map(1->"one",2->"two",3->"three")
map2: scala.collection.immutable.Map[Int,String] = Map(1 -> one, 2 -> two, 3 -> three)
```

Map 集合常用的方法如表 2-8 所示。

表 2-8　Map 集合常用方法

方　　法	描　　述
def ++[B1 >: B](xs: collection.IterableOnce[(A, B1)]): Map[A, B1]	合并 Map 集合
def keys: Iterable[A]	返回一个包含当前 Map 集合所有键的可迭代对象
def values: Iterable[B]	返回一个包含当前 Map 集合所有值的可迭代对象
def contains(key: A): Boolean	检查当前 Map 集合是否包含指定的键，如果包含则返回 true，否则返回 false
def toList: List[(A, B)]	将 Map 转换为 List 集合，每个键值对都表示为一个元组

【例 2-46】++：将两个 Map 集合合并为一个新的 Map 集合。

```scala
scala> val map3 = Map("a"->1,"b"->2)
map3: scala.collection.immutable.Map[String,Int] = Map(a -> 1, b -> 2)
scala> val map4 = Map("c"->3,"d"->4)
map4: scala.collection.immutable.Map[String,Int] = Map(c -> 3, d -> 4)
scala> val mergedMap = map3 ++ map4
mergedMap: scala.collection.immutable.Map[String,Int] = Map(a -> 1, b -> 2, c -> 3, d -> 4)
```

【例 2-47】keys：获取 Map 中所有的键。

```scala
scala> val map5 = Map("a"->1,"b"->2,"c"->3)
map5: scala.collection.immutable.Map[String,Int] = Map(a -> 1, b -> 2, c -> 3)
scala> val keys = map5.keys
keys: Iterable[String] = Set(a, b, c)
```

【例 2-48】values：获取 Map 中所有的值。

```scala
scala> val values = map5.values
values: Iterable[Int] = MapLike.DefaultValuesIterable(1, 2, 3)
```

【例 2-49】contains：检查 Map 中是否包含指定的键。

```scala
scala> val containsA = map5.contains("a")
containsA: Boolean = true
scala> val containsD = map5.contains("d")
containsD: Boolean = false
```

【例 2-50】toList：将 Map 转换为 List 集合，每个键值对表示一个元组。

```scala
scala> val mapToList = map5.toList
mapToList: List[(String, Int)] = List((a,1), (b,2), (c,3))
```

2.2 计算淡旺季飞机票的价格

2.2 案例代码

【例 2-51】任务要求

某航空公司为吸引更多的顾客推出了优惠活动。原来的飞机票价为 2000 元，优惠活动在 4～11 月旺季，头等舱 9 折，经济舱 8 折；1～3 月、12 月淡季，头等舱 5 折，经济舱 4 折，编码计算机票的价格。

设计思路

定义一个计算机票价格的函数，该函数包含两个参数：month 表示月份（1～12），cabinType 表示舱位类型（"头等舱"或"经济舱"），根据优惠活动的规则确定折扣率，计算最终的机票价格。

计算淡旺季飞机票价格的代码如下：

```scala
scala> def calculateTicketPrice(month: Int, cabinType: String): Double = {
        val originalPrice = 2000.0
```

```
        |     val discountRate = if (month >= 4 && month <= 11) {
        |       if (cabinType == "头等舱") 0.9 else 0.8
        |     } else {
        |       if (cabinType == "头等舱") 0.5 else 0.4
        |     }
        |     originalPrice * discountRate
        | }
calculateTicketPrice: (month: Int, cabinType: String)Double
scala> val ticketPrice = calculateTicketPrice(10,"头等舱")
ticketPrice: Double = 1800.0
```

2.3　按班级计算学生平均分

2.3 案例代码

【例 2-52】任务要求

假设大数据专业有 3 个班级，每个班级有 10 名同学，要求统计不同班级本次 Spark 考试成绩的平均分以及所有班级的平均分。

设计思路

3 个班级本次 Spark 考试成绩的示例数据如下所示：

```
val class1Scores = Array(85.0, 95.0, 78.0, 95.0, 88.0, 95.0, 80.0, 87.0, 83.0, 89.0)
val class2Scores = Array(79.0, 89.0, 93.0, 95.0, 84.0, 90.0, 87.0, 91.0, 82.0, 93.0)
val class3Scores = Array(90.0, 82.0, 86.0, 94.0, 87.0, 91.0, 84.0, 88.0, 92.0, 85.0)
```

然后调用 Array 数组的方法计算不同班级的平均分以及该专业的平均分，按班级计算学生平均分的代码如下：

```
scala> val class1Scores = Array(85.0, 95.0, 78.0, 95.0, 88.0, 95.0, 80.0, 87.0, 83.0, 89.0)
class1Scores: Array[Double] = Array(85.0, 95.0, 78.0, 95.0, 88.0, 95.0, 80.0, 87.0, 83.0, 89.0)
scala> val class2Scores = Array(79.0, 89.0, 93.0, 95.0, 84.0, 90.0, 87.0, 91.0, 82.0, 93.0)
class2Scores: Array[Double] = Array(79.0, 89.0, 93.0, 95.0, 84.0, 90.0, 87.0, 91.0, 82.0, 93.0)
scala> val class3Scores = Array(90.0, 82.0, 86.0, 94.0, 87.0, 91.0, 84.0, 88.0, 92.0, 85.0)
class3Scores: Array[Double] = Array(90.0, 82.0, 86.0, 94.0, 87.0, 91.0, 84.0, 88.0, 92.0, 85.0)
//计算一班考试成绩平均分
scala> val class1AvgScore = class1Scores.sum/class1Scores.length
class1AvgScore: Double = 87.5
//计算二班考试成绩平均分
scala> val class2AvgScore = class2Scores.sum/class2Scores.length
class2AvgScore: Double = 88.3
//计算三班考试成绩平均分
scala> val class3AvgScore = class3Scores.sum/class3Scores.length
class3AvgScore: Double = 87.9
//组合三个班级的考试成绩
scala> val classes = class1Scores ++ class2Scores ++ class3Scores
classes: Array[Double] = Array(85.0, 95.0, 78.0, 95.0, 88.0, 95.0, 80.0, 87.0, 83.0, 89.0, 79.0, 89.0, 93.0, 95.0, 84.0, 90.0, 87.0, 91.0, 82.0, 93.0, 90.0, 82.0, 86.0, 94.0, 87.0, 91.0, 84.0, 88.0, 92.0, 85.0)
//计算所有班级的平均分
```

```
scala> val majorAverage = classes.sum/classes.length
majorAverage: Double = 87.9
```

2.4 计算城市气温的均值

2.4 案例代码

【例 2-53】任务要求

收集 3 个城市（北京、西安、上海）连续 3 天的气温记录，如下所示：

```
var day01 = List(("北京",10.0),("西安",12.0),("上海",9.0))
var day02 = List(("北京",12.0),("西安",15.0),("上海",7.0))
var day03 = List(("北京",8.0),("西安",6.0),("上海",5.0))
```

要求编码统计出每个城市的平均气温。

设计思路

首先将 3 个城市的气温数据整合到一个 List 中，然后根据城市名称进行分组，再根据分组后的数据计算不同城市的平均气温。

计算城市气温均值的代码如下：

```
scala> var day01 = List(("北京",10.0),("西安",12.0),("上海",9.0))
day01: List[(String, Double)] = List((北京,10.0), (西安,12.0), (上海,9.0))
scala> var day02 = List(("北京",12.0),("西安",15.0),("上海",7.0))
day02: List[(String, Double)] = List((北京,12.0), (西安,15.0), (上海,7.0))
scala> var day03 = List(("北京",8.0),("西安",6.0),("上海",5.0))
day03: List[(String, Double)] = List((北京,8.0), (西安,6.0), (上海,5.0))
scala> val dayTemperature = day01 ++ day02 ++ day03
dayTemperature: List[(String, Double)] = List((北京,10.0), (西安,12.0), (上海,9.0), (北京,12.0), (西安,15.0), (上海,7.0), (北京,8.0), (西安,6.0), (上海,5.0))
scala> var cityTemperatureGroup = dayTemperature.groupBy(data => data._1)
cityTemperatureGroup: scala.collection.immutable.Map[String,List[(String, Double)]] = Map(上海 -> List((上海,9.0), (上海,7.0), (上海,5.0)), 北京 -> List((北京,10.0), (北京,12.0), (北京,8.0)), 西安 -> List((西安,12.0), (西安,15.0), (西安,6.0)))
scala> var cityAverages = cityTemperatureGroup.map(data => {
     |   val sumTemperature = data._2.map(x=>x._2).sum
     |   val length = data._2.map(x=>x._2).length
     |   val cityName = data._1
     |   (cityName,sumTemperature / length)
     |})
cityAverages: scala.collection.immutable.Map[String,Double] = Map(上海 -> 7.0, 北京 -> 10.0, 西安 -> 11.0)
```

本 章 小 结

第 2 章课件

本章主要讲述了 Scala 语言的特性和基本语法，通过解决任务的方式来应用和巩固所学的知识，为后续章节中 Spark 案例的学习奠定基础。

本 章 练 习

1. 选择题

（1）Scala 关于变量定义、赋值，错误的是（　　）。

    A. val a = 3　　　　　　　　　B. val a:String = 3

    C. var b:Int = 3 ; b = 6　　　　D. var b = "Hello World!" ; b = "123"

（2）定义函数：

```
def sum(args:Int *) = {
    var i = 0
    for(arg <- args)
        r += arg
    r
}
```

调用函数后以下选项输出结果不一致的是（　　）。

    A. sum(1,2,3)　　　　　　　　B. sum(1,1,1,2,1)

    C. sum(6)　　　　　　　　　　D. sum(1,2)

（3）以下代码的运行结果为（　　）。

```
val numbers = List(1,2,3,4,5)
var product = 1
for(num <- numbers){
    product *= num
}
println(product)
```

    A.100　　　B.120　　　C.25　　　D.60

（4）定义元组变量 val t = (10,3.14,"Scala","Spark")，以下说法正确的是（　　）。

    A. t._0 无法访问会抛出异常

    B. 访问元组中的第三个元素为 t._3

    C. t 的类型为 Tuple3[Int,Double,java.lang.String,java.lang.String]

    D. 元组 t 中的元素可以修改

（5）关于 Scala 各种数据结构说法正确的是（　　）。

    A. 集合（Set）是不重复元素的容器

    B. 列表（List）一旦被定义，其值就不能改变

    C. 元组（Tuple）可以包含任意多个不同类型元素的容器

    D. 映射（Map）是一系列键值对的容器，在一个映射中，键是唯一的，值可以唯一

2. 编程题

（1）"水仙花数"是指一个三位数，其各个位上数字的立方和等于其本身。例如，153就是一个水仙花数，因为 $1^3 + 5^3 + 3^3 = 153$。用 Scala 编程计算出 100～999 之间的水仙花数。

（2）输入一行字符，分别统计出其中英文字母、空格、数字和其他字符的个数。

（3）基于以下 List 集合实现词频统计，并降序输出。

List("hadoop spark hive","HBase spark hadoop hadoop","HBase hive hive hive","spark hadoop hadoop")

输出结果：(hadoop,5) (hive,4) (spark,3) (HBase,2)。

（4）基于以下 List 集合，完成以下问题。

List(("tom","M",23),("rose","F",18),("jim","M",30),("jary","M",25))

问题 1：统计出所有人的年龄和；

问题 2：返回男性年龄最大的前两个人的数据，返回的形式：List("jim-M","jary-M")。

（5）现有一个商品订单文件 orders.txt，文件中存放了用户订单信息，格式及内容如下：

```
用户编号，订单号，订单金额
U1001,R0001,100.0
U1002,R0002,145.8
U1001,R0003,50.0
U1002,R0004,126.0
U1001,R0005,80.0
```

要求编写一个程序读取该文件，统计每个用户的订单数量和订单总金额，统计结果并按照用户编号升序排列。

第 2 章答案

第3篇

案例篇

第 **3** 章

流行音乐数据分析

3.1 项 目 背 景

流行音乐是老百姓喜闻乐见且具有广泛群众基础的音乐形式。流行音乐多取材于日常生活，融合了各地方性小调和唱法，表现形式丰富多样。传统上流行音乐的传播方式以专辑形式固化于磁带发行。近年来，随着数字化与互联网技术的普及和应用，流行音乐从制作到推广、发行都发生了根本性转变。以网络、App、自媒体等为主要媒介的数字化音乐平台成为流行音乐商业运营的主体。

在数字化音乐平台的持续运营过程中，大量的音乐数据被沉淀下来，形成了庞大的流行音乐原始数据。通过对这些海量的流行音乐数据进行深入挖掘，有助于数字化音乐平台运营商从多个角度洞察流行音乐的发展趋势，以便于合理规划、提前布局、挖掘新的价值增长点。

3.2 分 析 任 务

利用 Spark RDD 进行数据挖掘，从歌曲爱好者的年龄、性别、所在地区，用户喜爱的音乐及对歌曲的评论等多个维度进行数据分析，并通过 Echarts 库将分析后的结果以可视化的方式直观明了地展示出来，可以更深入地了解用户行为特征、音乐偏好和需求，为平台运营、内容优化、市场推广等方面提供有针对性的决策依据。

3.3 技术准备

3.3.1 实验环境

本书的案例是在 Windows 平台下开发，然后打包部署到 Hadoop 集群上运行，这有助于大家更深入地理解分布式编程思想，降低学习门槛。本案例采用 Spark RDD 对音乐网站的数据进行分析，分析结果引入 Echarts 库实现可视化展示。本案例的设计与实现所需的软件环境及版本如下。

（1）操作系统：Windows 10、Windows 11、macOS、Ubuntu、CentOS 等；

（2）开发工具：IDEA IntelliJ；

（3）大数据开发平台：Hadoop（3.1.2 及以上版本）；

（4）分布式计算框架：Spark（3.0.0 及以上版本）；

（5）Web 服务器：Tomcat；

（6）J2EE 企业级框架：Spring Boot（2.0.4 及以上版本）、MyBatis；

（7）关系型数据库：MySQL（8.0 版本）。

3.3.2 Spark RDD

1. Spark RDD 概述

Spark RDD 最早来源于一篇重要的论文 *Resilient Distributed Datasets*: *A Fault-Tolerant Abstraction for In-Memory Cluster Computing*，该论文是由加州大学柏克莱分校的 Matei Zaharia 等人发表的，论文中提出了弹性分布式数据集（resilient distributed dataset，RDD）的概念，它是一种用于高效并行计算的分布式内存抽象，这篇论文为 Spark 提供了关键的技术支撑，使其成为一款强大而受欢迎的分布式计算框架。RDD 具有弹性、分布式、不可变和面向操作等特性，可提供高度可靠且高性能的数据处理能力。

Spark RDD 的 Operation（操作）分为两种类型：一种是 Transformation；另一种是 Action。Transformation 主要是做过程规划，而 Action 则是将规划付诸实施的过程。在执行到 Action 时，才将规划以任务的形式提交给计算引擎，由计算引擎将其转换为多个 Task，然后分发到相应的计算节点，开始真正的逻辑处理，Spark 典型的 RDD 操作如图 3-1 所示。

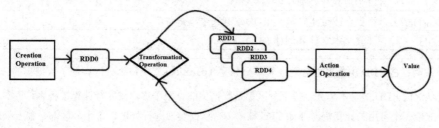

图 3-1　Spark RDD 操作

通过读入外部数据源（如文件、数据库等）来创建初始的 RDD 对象，这些 RDD 对象可以代表分布式集群中的数据集，并且可以在计算过程中进行转换和操作。RDD 提供了一系列的转换操作（Transformation），用于将一个 RDD 转换成另一个 RDD。每次转换操作都会生成一个新的 RDD 对象，而不会修改原始的 RDD，这种不可变性使得 RDD 具备了容错性和并行处理的能力。经过一系列的转换操作后，会得到一个最终的 RDD 对象。在应用动作操作（Action）时才会触发实际的计算，并将计算结果输出到外部存储。整个过程中，RDD 的转换操作是惰性求值的，即在遇到动作操作之前，并不会立即执行计算。相反，Spark 会记录下所有的转换操作，并根据依赖关系来构建执行计划。这种惰性求值的设计可以优化计算过程，并提供更灵活的数据流处理能力。

总结来说，Spark 中的 RDD 通过一系列的转换操作进行数据处理，并在动作操作时触发实际的计算。这种转换-动作的模式使得 Spark 具备了高效的分布式计算能力，并可以灵活应对各种数据处理需求。

Spark 采用惰性计算模式，RDD 只有第一次在一个动作操作中用到时，才会真正计算。Spark 可以优化整个计算过程。默认情况下，Spark 的 RDD 会在每次对它们进行动作操作时重新计算。如果想在多个动作操作中重用同一个 RDD，可以使用 RDD.persist()让 Spark 把这个 RDD 缓存下来。

RDD 中的所有转换操作都是延迟加载的，简单地说就是不会计算结果，只是记住操作计算的轨迹直到执行动作操作时才能执行，这种设计可以提升 Spark 的执行效率。

Spark RDD API 可参考如下网址：https://spark.apache.org/docs/latest/rdd-programming-guide.html#transformations。

2. Spark RDD 操作

Spark RDD 中的操作非常丰富，大致分为转换操作（Transformation）和动作操作（Action）。Spark RDD 的转换操作可返回一个新的 RDD。转换操作采用的是惰性机制，即在转换操作时不会被立即计算，只有在动作操作时，才会被真正转换计算。下面介绍 RDD 的相关操作 API。

在 Spark 中创建 RDD 的方法有多种，包括 parallelize、makeRDD 和 textFile 等，如表 3-1 所示。

表 3-1 创建 Spark RDD 对象常用方法

方　　法	说　　明
parallelize	将集合或数组转换为 RDD，并根据 numSlices 参数将数据划分为指定数量的分区，以实现并行处理
makeRDD	将集合或数组转换为 RDD，可选定指定分区数
textFile	读取文本文件并创建 RDD 对象

📖 说明：在 RDD 中数据被分隔成若干个分区（partitions），每个分区存储了数据集的一个子集。分区是组成 RDD 的基本单元，每个分区都是数据集的一个子集。在并行计算过程中，每个分区都会被分配给一个可用的计算资源（如 CPU 核心），从而实现并行处理。每个分区都是独立处理的，可以在不同的节点上进行计算。

makeRDD 和 parallelize 都可以用来创建 RDD,将本地集合或数组转换为分布式数据集。makeRDD 方法通过 SparkContext 调用,而 parallelize 方法可以通过 SparkContext 或 SparkSession 调用。

【例 3-1】利用 parallelize 方法创建 RDD。

```scala
scala> val list = List("a","b","c","d")
list: List[String] = List(a, b, c, d)
scala> val rdd1 = sc.parallelize(list)
rdd1: org.apache.spark.rdd.RDD[String] = ParallelCollectionRDD[0] at parallelize at <console>:26
```

【例 3-2】利用 makeRDD 方法创建 RDD。

```scala
scala> val list=sc.makeRDD(List("a","b","c","d"))
scala> list.partitions.size
scala> val list = sc.makeRDD(List("a","b","c","d"),3)
scala> list1.partitions.size
scala> val list=List((1,List("a","b")),(2,List("c","d")))
scala> val list1 = sc.makeRDD(list)
```

当调用 parallelize()方法时,不指定分区数的时候,使用系统给出的分区数,而调用 makeRDD()方法时,会为每个集合对象创建最佳分区,而这对后续的调用优化很有帮助。

【例 3-3】利用 textFile 方法从外部存储系统(如本地文件系统、HDFS、HBase 等)读取数据并创建 RDD 对象。

```scala
scala> val test =sc.textFile("/input/input.txt")
test: org.apache.spark.rdd.RDD[String] = /input/input.txt MapPartitionsRDD[4] at textFile at <console>:24
```

通过 textFile 命令读取 Linux 本地文件创建 RDD 对象,在文件的路径前面加上 file:// 表示从本地 Linux 文件系统读取。

【例 3-4】利用 textFile 方法从本地 Linux 文件系统读取文件。

```scala
scala> val test=sc.textFile("file:///home/data/word.txt")
test: org.apache.spark.rdd.RDD[String] = file:///home/data/word.txt MapPartitionsRDD[6] at textFile at <console>:24
scala> test.count
res6: Long = 10
```

3. RDD 转换算子

Spark RDD 转换算子常用的方法如表 3-2 所示。

表 3-2 Spark RDD 转换算子常用方法

方　　法	描　　述
map(func)	对 RDD 中的每个元素应用函数 func,并返回一个新的 RDD
flatMap(func)	对 RDD 中的每个元素应用函数 func,然后进行扁平化处理

续表

方　　法	描　　述
groupBy(func)	根据函数 func 对 RDD 中的元素进行分组，并返回一个以分组键作为键、分组后的元素集合作为值的 RDD
filter(func)	根据函数 func 过滤 RDD 中的元素
union(otherRDD)	实现 RDD 对象的合并
intersection(otherRDD)	返回当前 RDD 和另一个 RDD 之间的交集
subtract(otherRDD)	返回两个 RDD 之间的差集
distinct()	过滤掉 RDD 中重复的元素
sortBy(func)	按照函数 func 对 RDD 中的元素进行排序
reduceByKey(func)	对具有相同键的值进行规约操作
groupByKey()	对具有相同键的值进行分组操作
join()	将具有相同键的元素合并在一起，生成一个新的 RDD

【例 3-5】利用 map(func)方法对 RDD 中的每个元素应用函数 func，并返回一个新的 RDD。

```scala
scala>val distData = sc.parallelize(List(1,3,45,3,7))
scala> val mapdata = distData.map(x=>x*x)
```

运行结果如下：

```scala
scala> mapdata.collect()
res0: Array[Int] = Array(1, 9, 2025, 9, 49)
```

【例 3-6】利用 flatMap(func)方法对 RDD 中的每个元素应用函数 func，然后进行扁平化处理。

```scala
scala> val dataRDD = sc.makeRDD(List(List(1,2),List(3,4)))
scala> val dataFlatRDD = dataRDD.flatMap(x => x)
```

运行结果如下：

```scala
scala> dataFlatRDD.collect()
res2: Array[Int] = Array(1, 2, 3, 4)
```

【例 3-7】利用 groupBy(func)方法根据函数 func 对 RDD 中的元素进行分组，并返回一个以分组键作为键、分组后的元素集合作为值的 RDD。

```scala
scala> val dataRDD = sc.makeRDD(List(1,2,3,4))
scala> val dataGroupByRDD = dataRDD.groupBy(_%2==0)
```

运行结果如下：

```scala
scala> dataGroupByRDD.collect()
res0: Array[(Boolean, Iterable[Int])] = Array((false,CompactBuffer(1, 3)), (true,CompactBuffer(2, 4)))
```

【例 3-8】利用 filter 方法实现筛选过滤，符合规则的数据保留，不符合规则的数据丢弃。

```scala
scala> val dataRDD = sc.makeRDD(1 to 20)
```

```
scala> val filterDataRDD = dataRDD.filter(_ % 2==0)
```

运行结果如下：

```
scala> filterDataRDD.collect()
res1: Array[Int] = Array(2, 4, 6, 8, 10, 12, 14, 16, 18, 20)
```

【例 3-9】利用 union(otherDataset)方法实现对源 RDD 和参数 RDD 求并集，返回一个新的 RDD。

```
scala> val dataRDD1 = sc.makeRDD(List(1,2,3,4))
scala> val dataRDD2 = sc.makeRDD(List(3,4,5,6))
scala> val dataRDD= dataRDD1.union(dataRDD2)
```

运行结果如下：

```
scala> dataRDD.collect
res6: Array[Int] = Array(1, 2, 3, 4, 3, 4, 5, 6)
```

【例 3-10】利用 intersection(otherDataset)方法实现求源 RDD 和参数 RDD 的交集，返回一个新的 RDD。

```
scala> val dataRDD1 = sc.makeRDD(List(1,2,3,4))
scala> val dataRDD2 = sc.makeRDD(List(3,4,5,6))
scala> val dataResult = dataRDD1.intersection(dataRDD2)
```

运行结果如下：

```
scala> dataResult.collect
res0: Array[Int] = Array(4, 3)
```

【例 3-11】利用 subtract 方法实现求源 RDD 和参数 RDD 的差集。

```
scala> val dataRDD1 = sc.makeRDD(List(1,2,3,4))
scala> val dataRDD2 = sc.makeRDD(List(3,4,5,6))
scala> val dataResult = dataRDD1.subtract(dataRDD2)
```

运行结果如下：

```
scala> dataResult.collect
res0: Array[Int] = Array(2, 1)
```

【例 3-12】利用 distinct 方法实现过滤掉 RDD 中重复的元素，返回一个新的 RDD。

```
scala> val dataRDD = sc.makeRDD(1 to 10).union(sc.makeRDD(5 to 15))
scala> val dataResultRDD = dataRDD.distinct
```

运行结果如下：

```
scala> dataResultRDD.collect
res5: Array[Int] = Array(4, 8, 12, 13, 1, 9, 5, 14, 6, 10, 2, 15, 11, 3, 7)
```

【例 3-13】利用 sortBy 方法按照指定的排序函数进行排序，默认为升序。

```
scala> val dataRDD = sc.makeRDD(1 to 10)
scala> val dataResultRDD = dataRDD.sortBy(_ % 3)
```

运行结果如下：

```
scala> dataResultRDD.collect
res1: Array[Int] = Array(3, 6, 9, 1, 4, 7, 10, 2, 5, 8)
```

实现降序排列的示例代码及运行结果如下：

```
scala> val dataResultRDD = dataRDD.sortBy(_ % 3,false)
scala> dataResultRDD.collect
res2: Array[Int] = Array(2, 5, 8, 1, 4, 7, 10, 3, 6, 9)
```

【例 3-14】利用 reduceByKey 方法实现对具有相同键的值进行规约操作。

```
scala> val dataRDD1 = sc.makeRDD(List(("a",1),("b",2),("c",3),("b",3),("c",4)))
scala> val dataRDD2 = dataRDD1.reduceByKey((x,y)=>x+y)
```

运行结果如下：

```
scala> dataRDD2.collect
res3: Array[(String, Int)] = Array((b,5), (a,1), (c,7))
```

【例 3-15】利用 groupByKey 方法实现对具有相同键的值进行分组操作。

```
scala> val dataRDD1 = sc.makeRDD(List(("a",1),("b",2),("c",3),("a",10),("b",20)))
scala> val dataRDD2 = dataRDD1.groupByKey()
```

运行结果如下：

```
scala> dataRDD2.collect
res7: Array[(String, Iterable[Int])] = Array((b,CompactBuffer(2, 20)), (a,CompactBuffer(1, 10)), (c,CompactBuffer(3)))
```

【例 3-16】利用 join 方法实现将具有相同键的元素合并在一起，生成一个新的 RDD。

```
scala> val dataRDD1 = sc.makeRDD(Array((1,"a"),(2,"b"),(3,"c")))
scala> val dataRDD2 = sc.makeRDD(Array((1,4),(2,5),(3,6)))
scala> val dataResult = dataRDD1.join(dataRDD2)
```

运行结果如下：

```
scala> dataResult.collect
res8: Array[(Int, (String, Int))] = Array((2,(b,5)), (1,(a,4)), (3,(c,6)))
```

4. RDD 行动算子

Spark RDD 行动算子常用的方法如表 3-3 所示。

表 3-3　Spark RDD 行动算子常用方法

方　　法	描　　述
reduce(func)	对 RDD 中的元素进行规约操作，返回计算的结果值
collect()	将 RDD 中的所有元素以数组的形式返回
count()	返回 RDD 中元素的数量
take(n)	返回 RDD 中的前 n 个元素
foreach()	对 RDD 中的每个元素都应用函数 func，没有返回值。通常用于执行一些打印、写入文件等操作

【例 3-17】利用 reduce(func)方法对 RDD 中的元素进行规约操作，返回计算的结果值。

```
scala> val dataRDD = sc.makeRDD(List(1,2,3,4,5))
scala> val reduceResult = dataRDD.reduce(_ + _)
reduceResult: Int = 15
```

【例 3-18】利用 collect()方法实现将 RDD 中的所有元素以数组的形式返回。

```
scala> val dataRDD = sc.makeRDD(List(1,2,3,4))
scala> dataRDD.collect()
res0: Array[Int] = Array(1, 2, 3, 4)
```

【例 3-19】利用 count()方法返回 RDD 中元素的个数。

```
scala> val dataRDD = sc.makeRDD(List(1,2,3,4))
scala> val countResult = dataRDD.count()
countResult: Long = 4
```

【例 3-20】利用 take(n)方法返回一个由 RDD 的前 n 个元素组成的数组。

```
scala> val dataRDD = sc.makeRDD(List(1,2,3,4))
scala> val dataResult = dataRDD.take(2)
dataResult: Array[Int] = Array(1, 2)
```

【例 3-21】利用 foreach()方法实现对 RDD 中的每个元素都应用函数 func，没有返回值。通常用于执行一些打印、写入文件等操作。

```
scala> import org.apache.spark.rdd.RDD
scala>val rdd: RDD[Int] = sc.makeRDD(List(1,2,3,4))
scala>rdd.map (num=>num).collect().foreach(println)
1
2
3
4
scala>rdd.foreach (println)
4
3
1
2
```

3.3.3　Spark 编程入门

Spark 编程之门从第一个程序统计英语单词个数开始，首先需要安装合适的编程环境。在本书案例中，将使用 IntelliJ IDEA（以下简写为 IDEA）作为编码环境（版本为 2021.3）。下面开始使用 Spark 编写第一个程序开启 Spark 编程之门。

1. 在 IDEA 中在线安装 Scala 插件

步骤 1：打开 IDEA，单击工具栏中的 File 菜单，然后选择 Settings 子菜单，显示如图 3-2 所示的界面。

图 3-2　IDEA Settings 菜单设置界面

步骤 2：在 Plugins 显示主窗口的搜索框中输入"scala"关键字，如图 3-3 所示，选择 Scala 插件，单击界面最右边的 Install 按钮，完成 Scala 线上安装。

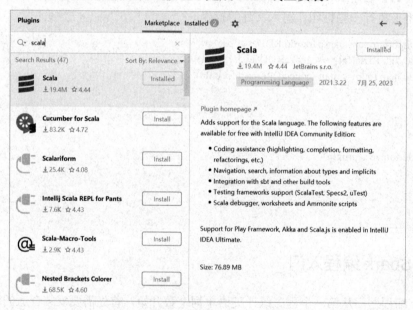

图 3-3　IDEA Plugins 安装插件界面

安装完成后单击界面中的 Restart IDE，重新启动 IDEA 就可以完成 Scala 插件的安装。

2. 创建 Maven 项目

通过 IDEA 创建一个 wordcountExample Maven 项目，Maven 项目创建完成后需要添加 Scala 框架支持。

在 IDEA 编程环境中用鼠标选择已创建好的项目名，然后单击右键选择弹出菜单中的
Add Framework Support 选项，显示如图 3-4 所示的界面，在此界面中选中 Scala 前面的复
选框，最后单击 Configure 按钮选择 Scala 的版本号。

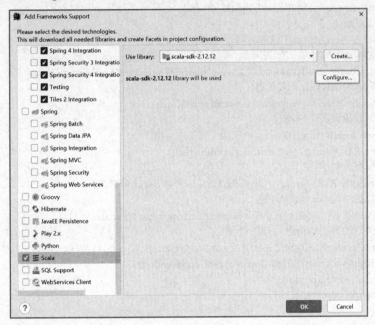

图 3-4　添加 scala 框架

☞提示：如果 Use library 列表框中没有 Scala 版本选项，单击 Create 按钮，先要下载本案例所需的
版本，然后才能添加。

3. 添加 Spark 依赖包

在 wordcountExample Maven 项目中添加 Spark 依赖包，修改项目中的 pom.xml 文件。

```
<properties>
    <spark.version>3.0.0</spark.version>
    <scala.version>2.12</scala.version>
</properties>
<dependencies>
<!--Spark Core核心依赖包-->
    <dependency>
        <groupId>org.apache.spark</groupId>
        <artifactId>spark-core_2.12</artifactId>
        <version>${spark.version}</version>
    </dependency>
</dependencies>
```

4. 编码

在项目中创建 com.software 包，然后新建 WordCount 伴生对象编程，实现英语单词个

数统计。

```
package com.software
import org.apache.spark.rdd.RDD
import org.apache.spark.{SparkConf, SparkContext}
object WordCount {
    def main(args: Array[String]): Unit = {
        // 创建Spark运行环境的配置对象，运行模式为本地运行
        val sparkConf = new SparkConf().setAppName("WordCount").setMaster("local[*]")
        //创建SparkContext上下文对象
        val sc:SparkContext = new SparkContext(sparkConf)
        //存放英语单词的文件路径
        val inputFilepath =args(0)
        var lines: RDD[String] = sc.textFile(inputFilepath)
        //按照空格分隔单词
        val wordSplit: RDD[String] = lines.flatMap(data => data.split(" "))
        //转换数据结构data=>(data, 1)
        var wordRdd: RDD[(String, Int)] = wordSplit.map({ data => (data, 1) })
        //将转换后的数据结构进行规约处理
        val wordCounts :RDD[(String,Int)] = wordRdd.reduceByKey((x,y) => (x + y))
        var wordshow: Array[(String, Int)] = wordCounts.collect()
        wordshow.foreach(println)
        //关闭SparkContext对象
        sc.stop()
    }
}
```

5. 项目打包

在 IDEA 中选择 Build 菜单中的 Rebuild Project 选项编译项目，项目编译完成后，在 Maven 面板的左侧导航栏中选择 Lifecycle 文件夹下的 package 选项，然后双击运行 package 完成项目打包，如图3-5所示。

项目打包完成后，在项目 target 目录下自动生成 wordcountExample-1.0-SNAPSHOT.jar 包，如图3-6所示。

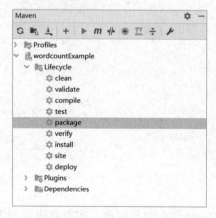

图3-5　选择项目打包的命令

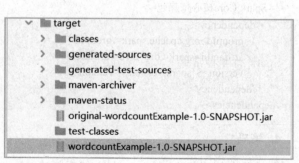

图3-6　生成 jar 包

3.3.4　Spark 运行架构

部署运行 Spark 编写的英语单词个数统计程序，在部署运行之前，先学习 Spark 的运行架构和运行模式是很重要的。

Spark 的运行架构设计如图 3-7 所示，Spark 的运行架构包括每个应用程序的任务控制点（Driver Program）、群资源管理器（Cluster Manager）、运行作业任务的工作节点（Worker Node）和每个工作节点上具体负责任务执行的进程（Executor）。其中资源管理器可以是 Amazon EC2 云环境、Hadoop YARN、Mesos 等资源。

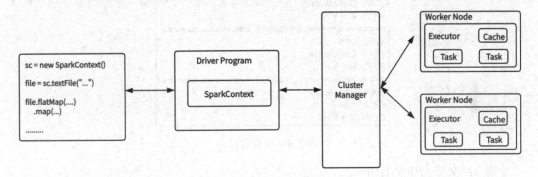

图 3-7　Spark 运行架构

运行架构各部分的说明如下。

（1）客户端程序：用户提交的 Spark 应用程序。

（2）Driver：运行 Application 的 main 函数并创建 SparkContext。

（3）SparkContext：应用上下文控制整个生命周期，主要负责 Cluster Manager 之间的通信、资源申请、任务的分配和监控等。

（4）Cluster Manager：运行应用程序的资源管理器，目前生产应用中主要有 3 种类型：Standalone、Hadoop YARN、Apache Mesos。

（5）Spark Worker：集群中可以执行作业的节点，运行一个或多个 Executor。

（6）Executor：运行在 Spark Worker 上的一个进程，负责运行 Task。

（7）Task：运行在 Executor 上的工作单元。

3.3.5　Spark 运行模式

Spark 有 4 种常见的运行模式：Local、Standalone、YARN 和 Mesos。目前在大数据挖掘领域应用比较普遍的是 Standalone 模式和 YARN 模式。下面详细介绍 Local、Standalone 和 YARN 运行模式完成单词个数统计的任务。

1. Local 运行模式

初学者在学习实验时可以选择 Local 运行模式，Local 模式可单机运行，一般用于开发测试。通过 Local 运行模式实现英语单词个数统计的步骤如下。

步骤 1：启动 Hadoop、Spark 服务。

先启动 Hadoop 集群，再启动 Spark 服务，命令如下：

```
[root@node01 sbin]# ./start-spark.sh
```

服务启动成功后，查看服务进程，显示如图 3-8 所示的进程名。

```
[root@node01 sbin]# jpscall.sh
=============== node01 ===============
1849 NameNode
9545 Jps
9293 Master
1999 DataNode
9455 Worker
=============== node02 ===============
8266 Jps
1611 DataNode
8175 Worker
=============== node03 ===============
1600 DataNode
8258 Jps
8169 Worker
```

图 3-8　查看进程

步骤 2：文件上传至 HDFS。

将要统计的文件上传至 HDFS 的 words 目录下，并将 wordcountExample-1.0-SNAPSHOT.jar 上传至虚拟机的 /opt 目录下。

步骤 3：提交作业统计单词个数。

切换到 Spark 的安装目录，提交作业实现单词个数的统计，作业完成后就可看到统计结果，命令如下：

```
[root@node01 spark]# ./bin/spark-submit  \
                     --class com.software.WordCount \
                     --master local[2] \
                     /opt/wordcountExample-1.0-SNAPSHOT.jar /words/*
```

📖 说明：① --class：表示应用程序的主类。

② --master local[2]：表示部署模式，默认为本地模式运行，local[K]表示分配运行 CPU 的虚拟运行数量。

③ /opt/wordcount Example-1.0-SNAPSHOT.jar：统计英语单词个数的 jar 包。

④ /words/*：读取 HDFS 上要统计的文件。

2. Spark Standalone 模式

Spark Standalone 采用的是一个内置资源调度器框架，其主要节点有 Master 节点、Client 节点和 Worker 节点，Spark 集群管理资源的调度和运行。Spark Standalone 模式提交作业的运行流程如图 3-9 所示。用户提交作业后，Driver 与集群管理器节点通信申请资源，Worker

节点与集群管理器节点通信汇报自己的负载和健康状况，Driver 获得分配的资源后，就会
与各个 Worker 节点进行通信，开始启动任务。

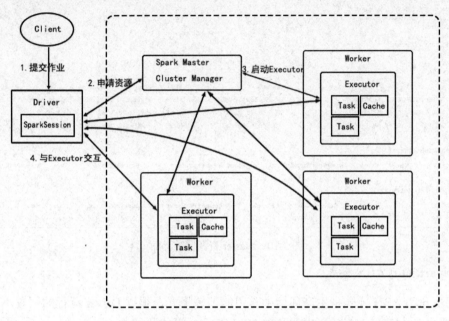

图 3-9　Spark Standalone 运行流程图

采用 Spark Standalone 模式运行英语单词个数统计的步骤如下。

步骤 1：成功启动 Hadoop 和 Spark 服务。

步骤 2：将要统计的文件上传至 HDFS 的 words 目录下，并将 wordcountExample-1.0-SNAPSHOT.jar 上传至虚拟机的/opt 目录下。

步骤 3：提交作业实现单词个数的统计。

在 Spark 的安装目录下输入命令以提交作业统计单词个数，命令如下：

```
[root@node01 spark]# ./bin/spark-submit  \
                    --class com.software.WordCount  \
                    --master spark://node01:7077 \
                    /opt/wordcountExample-1.0-SNAPSHOT.jar /words/
```

说明：--master spark://192.168.198.101:7077 表示独立部署，连接到 Spark 集群执行，192.168.198.101 为 node01 节点的 IP 地址。

步骤 4：查看 Master 资源监控界面。

在浏览器中输入"http://192.168.198.101:8080"，查看 Master 资源监控界面，如图 3-10 所示。在 Completed Applications 的单元格中查看应用程序运行的日志信息。

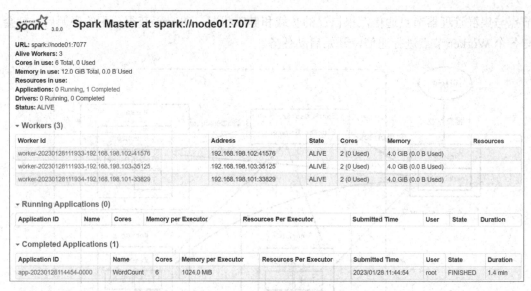

图 3-10 Master 资源监控界面

3. Spark on YARN 模式

Spark on YARN 模式是生产环境中常用的部署模式，根据 Driver 运行的位置不同，其运行模式可分为 YARN Client 模式和 YARN Cluster 模式两种。

YARN Client 模式中 Driver 是在提交作业的本地机器上运行，用户提交作业后，资源的调度是在 YARN 的 Application Master 容器中完成，计算任务的调度则是由 Spark 的 Driver 完成，作业的执行则是在 YARN 的 Container 中完成。YARN Client 模式提交作业的流程图如图 3-11 所示。

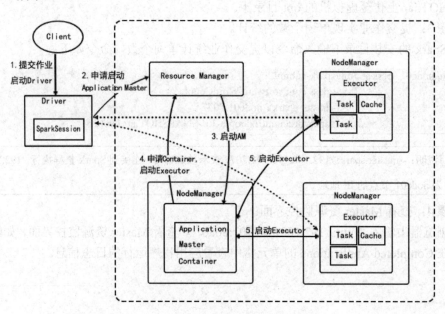

图 3-11 YARN Client 运行模式

YARN Client 运行模式实现英语单词个数统计的步骤如下所示。

步骤 1：成功启动 Hadoop 和 Spark 服务。

步骤 2：将要统计的文件上传至 HDFS 的 words 目录下，并将 wordcountExample-1.0-
SNAPSHOT.jar 上传至虚拟机的/opt 目录下。

步骤 3：提交作业实现单词个数的统计。

在 Spark 的安装目录下输入命令以提交作业统计单词个数，命令如下：

```
[root@node01 spark]# ./bin/spark-submit   \
                --class com.software.WordCount   \
                --master yarn   \
                --deploy-mode client \
                /opt/wordcountExample-1.0-SNAPSHOT.jar /words/*
```

📖 说明：--deploy-mode client 表示基于 Client 模式运行。

步骤 4：查看 YARN 的 Web 监控页面。

在浏览器中输入"http://192.168.198.101:8088/cluster"，页面显示如图 3-12 所示。

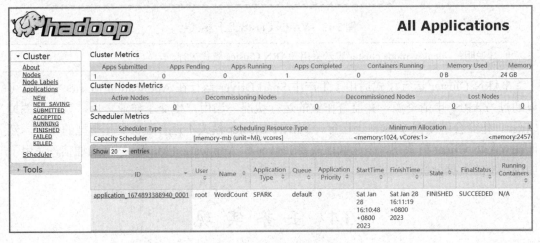

图 3-12　YARN Web 监控页面

YARN Cluster 运行模式和 YARN Client 模式大同小异。YARN Client 模式中 Driver 运行在提交任务的节点上，不会运行在 YARN 中。而 YARN cluster 模式中 Driver 运行在 YARN 中，通常和 Application Master 运行在同一个节点上。YARN Cluster 提交作业的流程图如图 3-13 所示。

YARN Cluster 模式实现英语单词个数统计的命令如下：

```
[root@node01 spark]# ./bin/spark-submit   \
                --class com.software.WordCount   \
                --master yarn   \
                --deploy-mode cluster\
                /opt/wordcountExample-1.0-SNAPSHOT.jar /words/*
```

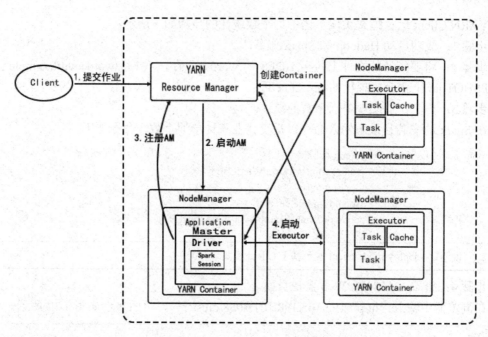

图 3-13　YARN Cluster 运行模式

📖 说明：--deploy-mode cluster 表示采用 YARN Cluster 模式运行。

　　YARN Cluster 运行模式适用于生产中 SparkDriver 运行在 Application Master 中，它可以通过 YARN 申请资源，并监督作业的运行状况，当用户提交了作业之后，就可以关掉 Client，作业会继续在 YARN 上运行，YARN Cluster 模式不适合运行交互类型的作业。然而在 YARN Client 模式下，作业执行需要 Driver 和 Application Master 之间的通信，适用于中小规模的数据分析。

3.4　任务实现

3.4.1　数据源

　　从流行音乐网站获取用户对部分流行歌曲的评论信息作为该案例分析的原始数据集，具体包括从 2017 年到 2021 年的部分用户评论信息，数据量共计 144 512 条记录；部分听歌爱好者的数据集共计 203 999 条记录。

　　（1）歌曲爱好者的数据集包括用户 ID、昵称、性别、年龄、生日、VIP 等级、用户等级、个性签名、点赞数量、粉丝数、省份、城市、歌曲数目等字段，该数据集的数据结构如表 3-4 所示。

表 3-4　歌曲爱好者数据结构

序　号	字 段 名 称	字 段 说 明	备　注
1	userName	用户 ID	
2	nickname	昵称	
3	gender	性别	0：未知；1：男；2：女
4	age	年龄	
5	birthday	生日	2040-01-01（用户注册时没有设置出生日期，系统默认值）
6	viptype	VIP 等级	1～11
7	level	用户等级	6
8	sign	个性签名	
9	eventCount	点赞数量	
10	followsCount	粉丝数	
11	province	省份	
12	city	城市	
13	listenSongs	歌曲数目	

（2）用户对流行音乐的评论信息数据集主要包括评论 ID、评论内容、点赞数、发布时间、用户 ID 等字段，该数据集的数据结构如表 3-5 所示。

表 3-5　用户对流行音乐评论的数据结构

序　号	字 段 名 称	字 段 说 明	备　注
1	commentId	评论 ID	
2	content	评论内容	
3	likedCount	点赞数	
4	time	发布时间	发布时间格式为 YYYY-MM-dd HH：mm：ss
5	userId	用户 ID	

3.4.2　架构设计

流行音乐数据分析案例采用了一种成熟的企业开发架构。该架构主要包括 5 个关键层次：数据采集、数据预处理、数据存储、数据分析和数据可视化展示，如图 3-14 所示。

1. 数据采集

从流行音乐网站以及相关的外部接口获取数据。可以使用网络爬虫技术获取流行音乐的歌曲信息、用户评论、用户行为等数据，并结合其他流行音乐平台的数据来丰富数据源。

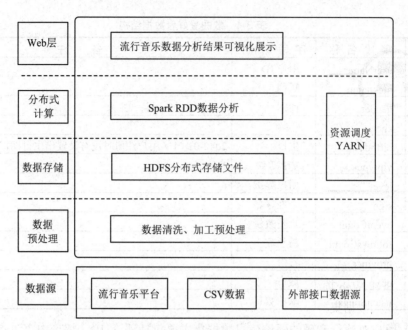

图 3-14 流行音乐数据分析系统架构

2. 数据预处理

对采集到的原始数据进行清洗和预处理，包括去除重复数据、处理缺失值、规范数据格式等操作，确保数据的质量和一致性。

3. 数据存储

流行音乐网站的数据量庞大，包括音乐数据、用户评论等相关数据，使用 HDFS 可以有效地存储和管理这些海量数据。将清洗后的数据上传至分布式文件系统（HDFS），HDFS 可提供较低的延迟和较高的数据处理速度。

4. 数据分析

使用 Spark RDD 实现数据挖掘、特征提取、关联分析等操作，以发现数据中隐藏的模式和趋势。

5. 数据可视化展示

数据可视化展示模块采用 Spring Boot、MyBatis 等企业级框架，并引入 Echarts 库实现常见的多种图表类型，包括折线图、柱状图、散点图、饼图、K 线图和盒形图，该库还提供地理可视化等功能，可满足各行业数据分析展示的需求。

3.4.3 设计思路

流行音乐数据分析的设计思路如图 3-15 所示。

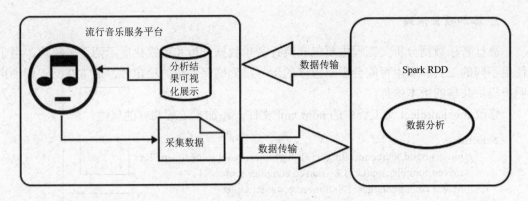

图 3-15　流行音乐数据分析设计思路

（1）将流行音乐数据集和用户评论数据集上传至 HDFS。

（2）使用 Spark RDD 实现多维度的数据分析，并将分析结果保存为 JSON 文件。

（3）搭建 Web 项目，引入 Echarts 库并编写可视化页面。

（4）在大数据集群平台上部署运行流行音乐数据分析项目，通过不同的图表展示最终的分析结果。

3.4.4　数据分析

通过获取的流行音乐数据集，可实现不同年龄段的会员人数统计、不同性别的用户数统计、不同时段的用户评论数量统计、不同地区的用户数统计、用户评论的词频统计等多维度的分析。

流行音乐数据分析采用 IDEA 作为开发环境，Maven 作为项目构建和管理工具，Spark RDD 实现流行音乐离线数据分析。

1. 创建 Maven 项目

使用 IDEA 创建一个名为 musicproject 的 Maven 项目，作为流行音乐数据分析的父项目，实现项目规范化管理。在 musicproject 中添加名为 musicprocess 的 Maven 子模块，用于实现数据分析的功能。数据分析的主框架如图 3-16 所示。

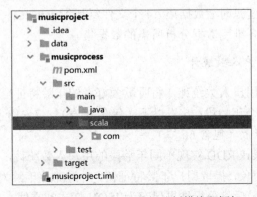

图 3-16　musicprocess 数据分析模块主框架

2. 添加项目依赖

流行音乐数据分析父工程主要包含流行音乐数据分析和可视化展示两个子模块。由于使用不同的工具和版本可能会影响程序的运行，为确保系统的稳定性，通常在父工程中声明子模块共享的版本信息。

修改 musicproject 父工程中的 pom.xml 文件，添加本工程共有的属性。

```xml
<properties>
        <project.build.sourceEncoding>UTF-8</project.build.sourceEncoding>
        <maven.compiler.source>1.8</maven.compiler.source>
        <maven.compiler.target>1.8</maven.compiler.target>
    </properties>
```

在 musicproject/musicprocess/pom.xml 文件中添加 Spark Core 核心依赖包的关键代码。

```xml
<properties>
        <spark.version>3.0.0</spark.version>
        <scala.version>2.12</scala.version>
</properties>
<dependencies>
        <dependency>
            <groupId>org.apache.spark</groupId>
            <artifactId>spark-core_2.12</artifactId>
            <version>${spark.version}</version>
        </dependency>
        <dependency>
            <groupId>org.apache.spark</groupId>
            <artifactId>spark-yarn_2.12</artifactId>
            <version>${spark.version}</version>
        </dependency>
</dependencies>
```

3. 加载数据

在 musicproject 父工程下新建一个名为 data 的文件夹，并将 usersdata.csv（听歌爱好者数据集）、commentsdata.csv（用户评论数据集）、province.txt（各大省份编码数据集）、stopword.txt（词频分析过滤词汇数据集）4 个文件复制到 data 文件夹中。在编码测试阶段，可以从这个目录下获取各维度数据分析所需的数据集。

4. 不同年龄段的用户人数统计

针对不同年龄段的用户人数统计，将听歌爱好者的年龄特征值作为特征列进行分析，用户的年龄被划分为 6 个年龄段：6 岁以下（包含 6 岁）、7~18 岁、19~29 岁、30~40 岁、41~65 岁、66 岁以上（包含 66 岁）。

设计思路：采用 Spark RDD 实现不同年龄段的用户人数统计，首先读取听歌爱好者的数据集并转换为 RDD 对象，提取用户年龄特征值，并过滤掉年龄为 0 的数据源；然后根据不同年龄段进行分析；最后将分析结果保存为 JSON 格式的文件。

在 musicproject/musicprocess/scala/com.software.util 包下创建一个名为 SparkUtils 的伴生对象，在该伴生对象中定义读取数据源并转换成 RDD 对象的方法。

```
object SparkUtils {
    /**
     * 设置Spark运行模式并指定数据源
     * @param jobName：为Spark程序指定的作业名称
     * @param inputFile：数据源文件
     * @return：返回DataFrame对象
     */
    def readSources(jobName:String,inputFile:String) ={
        // 创建SparkContext对象
        val conf = new SparkConf().setAppName(jobName)
        val sc = new SparkContext(conf)
        val rdd = sc.textFile(inputFile)
        // 过滤掉第一行字段
        val header = rdd.first()
        val content = rdd.filter(line => line != header)
        // 解析CSV文件中的每行数据，按照逗号分隔将每行数据转换为数组
        val data :RDD[Array[String]]= content.map(line => line.split(",").map(elem => elem.trim))
        data
    }
}
```

在 musicproject/musicprocess/scala/com.software.process 包中新建一个名为 Member-AgeProcess 的伴生对象，实现不同年龄段的用户听歌人数的统计。

```
def main(args:Array[String]): Unit = {
    // 声明变量，存储输入文件的路径
    val inputFile ="data\\usersdata.csv"
    // 声明变量，存储输出文件的路径
    val outputFile = "outputpath\\agecount.json"
    val data = SparkUtils.readSources("MemberAgeProcess",inputFile)
    // 过滤掉年龄为0的数据源
    val age = data.map(x=>(x(3).toInt)).filter(x => x>0)
    // 统计不同年龄段的听歌人数
    val ageanalyse = age.filter(x => x>=1 && x<=6).map(x => ("06岁以下",1)).reduceByKey((a, b) => a + b)
        .union(age.filter(x => x>=7&&x<=18).map(x => ("07~18岁",1)).reduceByKey((a, b) => a + b))
        .union(age.filter(x => x>=19&&x<=29).map(x => ("19~29岁",1)).reduceByKey((a, b) => a + b))
        .union(age.filter(x => x>=30&&x<=40).map(x => ("30~40岁",1)).reduceByKey((a, b) => a + b))
        .union(age.filter(x => x>=41&&x<=65).map(x => ("41~65岁",1)).reduceByKey((a, b) => a + b))
        .union(age.filter(x => x>=66).map(x => ("66岁以上",1)).reduceByKey((a, b) => a + b))
    // 按照年龄段升序排序输出
    val sortedAgeAnalyse = ageanalyse.sortByKey()
    sortedAgeAnalyse.collect().foreach(println)
    tojson(sortedAgeAnalyse,outputFile)
}
```

按照不同年龄段进行统计分析后，将分析结果以 JSON 格式写入文件。

```
// 分析结果转换为JSON格式
def tojson(age: RDD[(String, Int)],outputFile: String): Unit = {
  val json = "age" -> age.collect().toList.map {
    case (ageRange, count) =>
      ("ageArea", ageRange) ~
        ("count", count)
  }
  // 分析结果写入文件
  Some(new PrintWriter(outputFile)).foreach{p =>
    p.write(compact(render(json)));
    p.close()
  }
}
```

运行代码，显示不同年龄段的用户人数统计结果，如图 3-17 所示。

5. 统计不同性别的用户数

统计分析流行音乐听歌爱好者不同性别的用户数，主要分析的是不同性别用户的占比情况。数据源中该列特征值主要有 0、1、2 三种取值：0 表示未知，用户在注册个人信息时设置为保密；1 表示"男"；2 表示"女"。

设计思路：首先读取听歌爱好者的数据集并转换为 RDD 对象，然后提取出用户性别特征列，根据不同的用户性别进行统计分析，最后将分析结果保存为 JSON 格式的文件。

在 musicproject/musicprocess/scala 目录下的 com. software. process 包中新建一个名为 MemberGenderProcess 的伴生对象，实现不同性别的用户数统计。

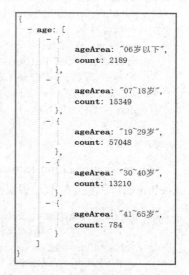

图 3-17 不同年龄段统计分析结果

```
def main(args:Array[String]) {
  // 声明变量，存储输入文件的路径
  val inputFile ="data\\usersdata.csv"
  // 声明变量，存储输出文件的路径
  val outputFile = "outputpath\\gendercount.json"
  val data = SparkUtils.readSources("GenderProcess",inputFile)
  // 获取数据源性别特征列
  val gender = data.map(x=>(x(2).toInt))
  val genderCount = gender.filter(x => x!=1||x!=2).map(word => ("保密", 1)).reduceByKey((a, b) => a + b)
    .union(gender.filter(x => x==1).map(word => ("男", 1)).reduceByKey((a, b) => a + b))
    .union(gender.filter(x => x==2).map(word => ("女", 1)).reduceByKey((a, b) => a + b))
  tojson(genderCount,outputFile)
}
```

将不同性别的用户数统计分析结果保存为 JSON 格式的文件。

```
def tojson(gender: RDD[(String, Int)],outputFile:String): Unit = {
    val json = "gender" -> gender.collect().toList.map {
        case (gender, count) =>
            ("gender", gender) ~
                ("count", count)
    }
    val pw = new PrintWriter(outputFile)
    pw.write(compact(render(json)))
    pw.close
    }
```

运行代码,打开保存有不同年龄段的用户人数统计结果的文件,其内容如图 3-18 所示。

6. 统计不同时段用户的评论数量

统计从 2017 年到 2021 年期间,不同时段的用户评论数量的总和。选取用户评论数据源中的评论日期(time)特征列进行评论数量统计。

设计思路:首先读取用户评论数据源,提取出评论日期,评论日期的格式为 YYYY-MM-dd HH: mm: ss,需截取小时部分,之后进行统计分析,最后将分析结果保存为 JSON 格式的文件。

在 musicproject/musicprocess/scala 目录下的 com.software.process 包中新建 CommentTimeProcess 伴生对象,该伴生对象可以实现不同时段用户评论数量的统计。

```
{
  - gender: [
      - {
            sex: "保密",
            count: 203999
        },
      - {
            sex: "男",
            count: 92070
        },
      - {
            sex: "女",
            count: 83219
        }
    ]
}
```

图 3-18 不同性别的用户数统计分析结果

```
def main(args: Array[String]) {
    // 声明变量,存储输入文件的路径
    val inputFile ="data\\commentsdata.csv"
    // 声明变量,存储输出文件的路径
    val outputFile = "outputpath\\commentTime.json"

    val data = SparkUtils.readSources("CommentTimeProcess",inputFile )
    // 提取用户评论时间特征列
    val commentTime = data.map(x=>(x(3)))
    // 截取评论时间中的小时部分
    val time = commentTime.map(x =>DateUtils.formatValueTime(x))
    // 统计不同时段用户的评论数量,并按时间升序排列
    val timeAl = time.map(x =>(x,1)).reduceByKey((a,b) =>a+b).sortBy(_._1,true)
    tojson(timeAl,outputFile)
    }
```

运行不同时段用户评论数量统计分析后,将结果保存到一个 JSON 格式的文件中。

```
def tojson(time: RDD[(String, Int)],outputFile:String): Unit = {
    // 分析结果转换为JSON格式
val json = "times" -> time.collect().toList.map {
```

```
        case (time, count) =>
            ("name", time) ~
                ("value", count)
    }
    // 分析结果写入文件
    val pw = new PrintWriter(outputFile)
    pw.write(compact(render(json)))
    pw.close()
}
```

运行代码，打开保存有不同时段用户评论数量统计结果的文件，其部分内容如图 3-19 所示。

7. 不同地区的会员数统计

通过对不同地区的用户数进行分组统计，可以了解用户在不同地区的分布情况。

设计思路：加载听歌爱好者数据源，提取用户注册省份（province）特征列，然后按地区进行分组统计，统计每个地区听歌爱好者的数量，最后将统计结果转换为 JSON 格式保存到文件中。

在 musicproject/musicprocess/scala 目录下的 com.software.process 包中新建 MemberCityProcess 伴生对象，该伴生对象可以实现不同地区听歌爱好者人数的统计。

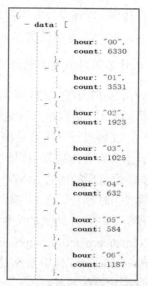

图 3-19 不同时段用户的评论数量统计结果

```
def main(args: Array[String]): Unit = {
    // 声明变量，存储输入文件的路径
    val inputFile = "data\\usersdata.csv"
    // 声明变量，存储输出文件的路径
    val outputFile = "outputpath\\memberprovincecount.json"
    // 声明变量，存储省份编码对照表的文件
    val provinceFile = "data\\province.txt"
    val sc = SparkUtils.getSparkContext("MemberCityProcess")
    val csv = sc.textFile(inputFile)
    // 解析CSV文件中的每行数据，按照逗号进行分隔
    val data :RDD[Array[String]] = csv.map(line => line.split(",").map(elem => elem.trim))
    // 数据清洗
    val memberProvince = data.map(x=>x(10))
            .filter(line => line != "100")
            .filter(x =>x!="1000000")
            .filter(x =>x!="430000")
            .filter(x =>x!="0")
    // 统计不同省份注册的听歌爱好者人数
    val provinceAnalyse = memberProvince.map(row => (row, 1)).reduceByKey((a, b) => a + b)
```

```
    // 将省份编码转换为对应的省份名称
    val provinceCode: Map[String, String] = sc.textFile(provinceFile).map(line => (line.split(" ")(1),
line.split(" ")(0)))
      .collect().toMap
    tojson(provinceAnalyse,provinceCode,outputFile)
  }
```

将不同地区的用户数量统计分析结果保存为 JSON 格式的文件。

```
def tojson(provinceAnalyse: RDD[(String, Int)],provinceCode:
Map[String, String] ,outputFile:String): Unit = {
    val json = "provinces" -> provinceAnalyse.sortBy(_._2, false).collect().toList.map {
      case (province, count) =>
        ("name",provinceCode.getOrElse(province,"未知")) ~
          ("value", count)
    }
    Some(new PrintWriter(outputFile)).foreach{p =>
      p.write(compact(render(json))); p.close
    }
  }
```

运行代码，打开保存有不同地区的用户数量统计分析结果的文件，其部分内容如图 3-20 所示。

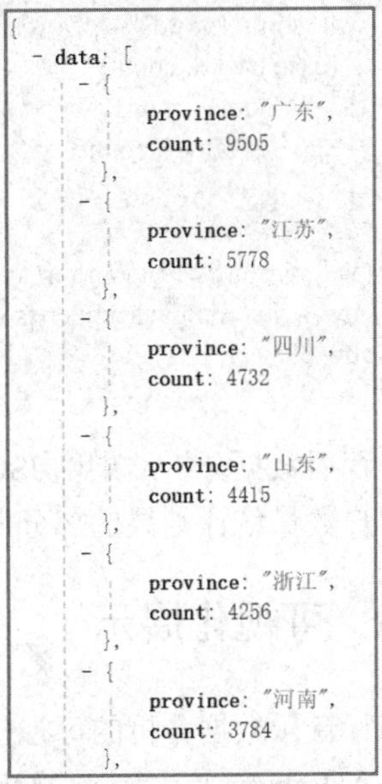

```
{
  - data: [
    - {
        province: "广东",
        count: 9505
      },
    - {
        province: "江苏",
        count: 5778
      },
    - {
        province: "四川",
        count: 4732
      },
    - {
        province: "山东",
        count: 4415
      },
    - {
        province: "浙江",
        count: 4256
      },
    - {
        province: "河南",
        count: 3784
      },
```

图 3-20　不同地区的用户数量统计分析结果

8. 用户评论的词频统计分析

用户评论的词频统计分析主要是对用户评论数据源中的评论内容进行词频统计分析。根据词频分析结果，平台可以了解用户口碑、流行歌曲受欢迎程度。

设计思路：首先加载用户评论数据源，然后从中提取评论特征列，接着使用 jieba 库的 lcut 方法进行分词处理。在分词处理完成后，需要去除停用词，可以通过查询停用词库来实现。之后，使用 worldcloud 库的 counter 方法统计词频。最后，将结果以 JSON 格式存储到文件中。

在 musicproject/musicprocess/scala 目录下的 com.software.process 包中新建一个名为 CommentProcess 的伴生对象，该伴生对象主要实现用户评论中的词频统计分析。

```
def main(args: Array[String]) {
    //编码测试阶段文件路径设置
    val outputFile ="outputpath\\word.json"
    val inputFile = "data\\commentsdata.csv"
    val jebaFilterFile:String= "data\\stopword.txt"
    val source = Source.fromFile(jebaFilterFile)
    val stopset = source.getLines.toSet
```

```
        val sc = SparkUtils.getSparkContext("CommentProcess")

        val csv = sc.textFile(inputFile)
        //解析CSV文件中的每行数据，按照逗号分隔将每行数据转换为数组
        val data :RDD[Array[String]]= csv.map(line => line.split(",").map(elem => elem.trim))
        val comment =data.map(x=>x(1))
        val str: String =csv.collect().mkString
        val jieba = new JiebaSegmenter()
        val res: String = jieba.sentenceProcess(str).toString
        val words: RDD[String] = sc.parallelize(res.split("[,| ]")).filter(x => !stopset.contains(x)).filter(x => x !=
""))
        val wordCount = words.flatMap(line => line.split(" ")).map(word => (word, 1)).reduceByKey((a, b) =>
a + b)

        tojson(wordCount, outputFile)
        source.close()
      }
```

词频统计分析后将统计结果以 JSON 格式写入文件中。

```
//分析结果转换为JSON格式
  def tojson(words: RDD[(String, Int)], outputFile: String): Unit = {
    val json = "words" -> words.sortBy(_._2, ascending = false).take(400).toList.map {
      case (word, count) =>
        ("name", word) ~
          ("value", count)
    }
    //本地运行
    val pw = new PrintWriter(outputFile)
    pw.write(compact(render(json)))
    pw.close()
  }
```

运行后数据分析结果以 JSON 格式保存到输出文件，不同地区的用户数量统计结果的部分截图如图 3-21 所示。

3.4.5　可视化展示

流行音乐数据分析的可视化展示采用 Spring Boot 企业级框架，引入 Echarts 库、Ajax 异步请求技术，用柱状图、折线图、饼状图、地理热图等多种图形形式展示了对流行音乐不同维度数据分析的结果。

1. 创建可视化展示模块并添加依赖包

在 musicproject 父工程下新建子模块 musicweb，修改 musicproject/musicweb 目录下的 pom.xml 文件，添加 Spring Boot 企业级框架的核心依赖包。

```
{
- data: [
  - {
      words: "听",
      count: 12846
    },
  - {
      words: "大哭",
      count: 11338
    },
  - {
      words: "老板",
      count: 10549
    },
  - {
      words: "都",
      count: 9131
    },
  - {
      words: "音歌",
      count: 8606
    },
  - {
      words: "喜欢",
      count: 6676
    },
```

图 3-21　词频统计分析结果

```xml
<!--继承了Spring Boot的默认配置和插件-->
<parent>
        <groupId>org.springframework.boot</groupId>
        <artifactId>spring-boot-starter-parent</artifactId>
        <version>2.5.2</version>
        <relativePath/>
</parent>
<!--引入Spring Boot Web应用程序所需的相关依赖-->
<dependency>
        <groupId>org.springframework.boot</groupId>
        <artifactId>spring-boot-starter-web</artifactId>
</dependency>
<!--提供了Spring Boot开发者工具，支持Spring Boot热部署-->
<dependency>
        <groupId>org.springframework.boot</groupId>
        <artifactId>spring-boot-devtools</artifactId>
        <scope>runtime</scope>
        <optional>true</optional>
</dependency>
```

2. 配置全局属性文件

在 advertisementweb 子模块的 resources 文件夹下的 application.yml 文件中，可以配置启动 Web 服务的端口号。

```yaml
server:
    port: 8085
spring:
    profiles:
active: dev
```

说明：① server.port:8085：该属性指定了应用程序启动的端口号为 8085；②spring.profiles. active:dev：该属性表示使用开发环境的配置。

3. 前端页面设计

在 musicweb 子模块的 resources/static 文件夹下新建一个名为 json 的文件夹，用于存放不同维度的数据分析结果的 JSON 文件。同时在 static 目录下创建不同的页面以展示各维度数据分析结果。

（1）age.html 用于展示不同年龄段的用户人数统计结果，采用柱状图显示不同年龄段的用户人数，关键代码如下。柱状图可以直观地看出在同一维度上多个数据的变化和对比，使得数据之间的对比更加清晰。

```javascript
$(function(){
        var chartDom = document.getElementById('maindiv');
        var myChart = echarts.init(chartDom);
        //编码调试url访问地址
        var url ='../json/agecount.json'
```

```
$.getJSON(url, function (data) {
    var xAxis = []
    var yAxis = []
    //读取统计分析结果的数据
    for (var i = 0; i < data.age.length; i++) {
        xAxis.push(data.age[i].ageArea);
        yAxis.push(data.age[i].count);
    }
})
))
```

启动 Spring Boot 服务，成功后在浏览器中输入 url 地址：http://127.0.0.1:8085/pages/
age.html，就可以显示不同年龄段统计分析结果，如图 3-22 所示。

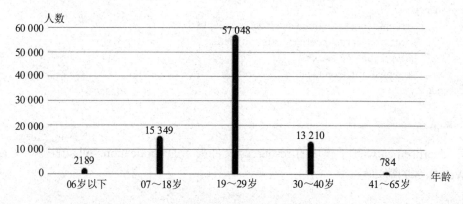

图 3-22　不同年龄段统计分析可视化展示图

年龄段主要划分为 5 个年龄段，19～29 岁年龄段的听众最多，可重点配置相应的音乐
资源和营收项目。

（2）gender.html 用于展示不同性别的用户数量统计结果，采用饼状图显示不同用户性
别的占比分析，核心代码如下所示。饼状图可用于显示不同类别或组占总量的百分比，帮
助观察者快速理解数据的相对比例。

```
$(function(){
    var chartDom = document.getElementById('maindiv');
    var myChart = echarts.init(chartDom);
    //编码调试url访问地址
    var url ='../json/gendercount.json'
    $.getJSON(url, function (data) {
        var option2 = {
            data: [{
                //不同性别的数量
                value: data.gender[0].count,
                //性别
                name: data.gender[0].gender,
                itemStyle: {
                    normal: {
                        borderColor: colorArr[0],
```

```
                                      borderWidth: 2,
                                      shadowBlur: 20,
                                      shadowColor: "#41a8f8",
                                      shadowOffsetx: 25,
                                      shadowOffsety: 20,
                                      color: colorAlpha[0]
                                   },
                                }
                              },
                        ]}
                      }
                  })
              })
```

启动 Spring Boot 服务，成功后在浏览器中输入 url 地址：http://127.0.0.1:8085/pages/gender.html，就可以显示不同性别用户的统计分析结果，如图 3-23 所示。

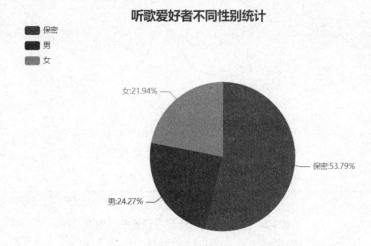

图 3-23　不同性别的听歌人数占比可视化展示图

从分析的结果可以看出女生和男生人数接近，因此，音乐资源和营收项目方面可不用关注男女性别比例的问题。

（3）commentday.html 用于展示不同时段用户评论歌曲数量统计结果，采用折线图展示，核心代码如下所示。通过绘制折线，可以清晰地展示随时间、年份或其他连续性变量而变化的数据。

```
$(function(){
        var chartDom = document.getElementById('maindiv');
        var myChart = echarts.init(chartDom);
        //编码调试url访问地址
        var url ='../json/commentTime.json'
        //部署运行url访问地址
        //var url ='/musicweb/json/commentTime.json'
        $.getJSON(url, function (data) {
            console.log(data.times);
```

```
        var xAxis=[]
        var yAxis=[]
        for(var i=0;i<data.times.length;i++){
            xAxis.push(data.times[i].name);
            yAxis.push(data.times[i].value);
        }
    })
})
```

启动 Spring Boot 服务，成功后在浏览器中输入 url 地址：http://127.0.0.1:8085/pages/commentday.html，就可以显示不同时段用户评论歌曲数量的分析结果，如图 3-24 所示。

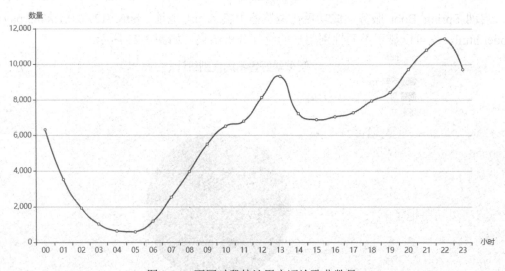

不同时段用户评论数量

图 3-24 不同时段统计用户评论歌曲数量

从分析结果可以看出用户评论在 21：00—23：00 与 12：00—14：00 比较集中，平台采集评论数据可重点考虑这两个时段。而在 4：00—5：00 评论数量是最少的，这种情况与实际情况基本一致。

（4）heatmap.html 页面展示不同地区注册的用户数量统计结果，采用中国地图展示，可以清晰分析出不同地区注册的用户所在的区域，关键代码如下所示。统计地图是统计图的一种，以地图为底本，用各种几何图形、实物形象或不同底纹、颜色或疏密不等的晕线形象地反映各种现象的特征、规模、地理分布、相互依存关系及其发展趋势。

```
$(function(){
        var chartDom = document.getElementById('main');
        var myChart = echarts.init(chartDom);
        //编码调试url访问地址
        var url ='../json/memberprovincecount.json'
        //部署运行url访问地址
        //var url ='/musicweb/json/memberprovincecount.json'
        $.getJSON(url, function (json) {
```

```
                console.log(json.provinces);
                //地图
                var data = json.provinces
                var max = 480, min = 9; // todo
                var maxSize4Pin = 100, minSize4Pin = 20;
                var convertData = function (data) {
                    var res = [];
                    for (var i = 0; i < data.length; i++) {
                        var geoCoord = geoCoordMap[data[i].name];
                        if (geoCoord) {
                            res.push({
                                name: data[i].name,
                                value: geoCoord.concat(data[i].value)
                            });
                        }
                    }
                    return res;
                };
            }
    })
```

　　启动 Spring Boot 服务，成功后在浏览器中输入 url 地址：http://127.0.0.1:8085/pages/heatmap.html，就可以显示不同地区注册的用户数量分析结果。从分析结果来看，东南沿海的听众密度较大，平台可重点关注这一地区的听众资源与效益。

　　（5）worldcloud.html 页面展示用户对流行音乐评论的词频统计分析结果，通过词云图展示，可以清楚地了解用户对歌曲评价的关注点，这有助于为用户提供喜欢的音乐。关键代码如下所示。

```
$(function(){
        //加载图片
        var maskImage = new Image();
        maskImage.src = '../img/dituciyun.png';
        var myChart = echarts.init(document.getElementById('main'));
        //编码调试url访问地址
        var url ='../json/wordcount.json'
        //部署运行url访问地址
        //var url ='/musicweb/json/wordcount.json'
        $.getJSON(url, function (data) {
          ....
          option.series[0].maskImage
            myChart.clear()
            myChart.setOption(option);
        })
})
```

　　启动 Spring Boot 服务，成功后在浏览器中输入 url 地址：http://127.0.0.1:8085/pages/worldcloud.html，就可以看到用户对歌曲评论的词云图，如图 3-25 所示。

图 3-25　用户对歌曲评论的词云图

　　本次分析对数据源中所有听众的评论做了统计,显示出排名前 100 的"热词",并且根据每个词评的数量绘制了词云图,平台从中可以看出听众对流行音乐的普遍关注点。

3.5　部署运行

　　流行音乐数据分析项目包含数据分析模块(musicprocess)和数据可视化展示模块(musicweb)。完成项目编码测试后,需要进行打包,并将其部署到 Hadoop 大数据平台上运行。下面是流行音乐大数据分析部署运行步骤。

1. 上传数据集

　　本案例采用 Hadoop 分布式文件系统实现数据存储,存储的数据主要包括用户信息、用户对歌曲的评论等。将数据集上传至 HDFS,虚拟机中启动 Hadoop 集群服务,输入命令如下:

```
[root@node01 ~]# start-all.sh
```

　　启动服务后,需要将用户数据集和用户对歌曲评论的数据集上传至 HDFS。首先,在终端中输入命令 hdfs dfs -mkdir /musicdata,创建名为 musicdata 的目录;然后,使用命令 hdfs dfs -put /opt/data/music/*.csv /musicdata 将用户和歌曲评论数据源上传至 HDFS 中的 musicdata 目录下。同时,还需要将城市的名称和编码对应的文件也上传至 HDFS。最后,通过访问 Hadoop Web 页面可以查看已上传的文件,如图 3-26 所示。

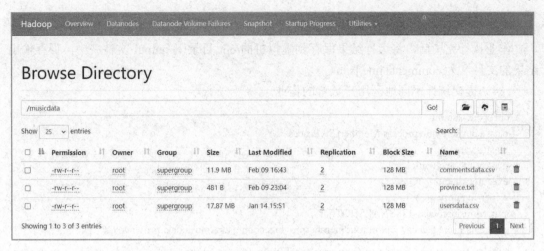

图 3-26　数据源上传至 HDFS

2. 数据分析模块部署运行

将流行音乐数据分析模块 musicprocess 进行编译、打包，生成名为 musicprocess-1.0-SNAPSHOT.jar 的可执行文件。将 musicprocess-1.0-SNAPSHOT.jar 文件提交至虚拟机 Linux 操作系统下的/opt/jar 目录中，并使用 YARN Client 模式运行。运行的结果保存在与 Spark 同级目录下 output 文件夹中。

（1）提交统计不同年龄段用户的作业。

```
./bin/spark-submit  \
--class com.software.process.MemberAgeProcess  \
--master yarn  \
--deploy-mode client \
/opt/jar/musicprocess-1.0-SNAPSHOT.jar /musicdata/usersdata.csv ../output/agecount.json
```

作业执行完毕后，将运行结果保存到虚拟机的/opt 目录下 output 文件夹中，保存输出结果的文件名为 agecount.json。

（2）提交统计不同性别用户的作业。

```
./bin/spark-submit  \
--class com.software.process.MemberGenderProcess  \
--master yarn  \
--deploy-mode client \
/opt/jar/musicprocess-1.0-SNAPSHOT.jar /musicdata/usersdata.csv /opt/output/gendercount.json
```

作业执行完毕后，将运行结果保存到虚拟机的/opt 目录下 output 文件夹中，保存输出结果的文件名为 gendercount.json。

（3）提交统计不同时段用户评论数量的作业。

```
./bin/spark-submit  \
--class com.software.process.CommentTimeProcess  \
--master yarn  \
--deploy-mode client \
```

```
/opt/jar/musicprocess-1.0-SNAPSHOT.jar /musicdata/commentsdata.csv /opt/output/commentTime.json
```

作业执行完毕后，将运行结果保存到虚拟机的/opt 目录下 output 文件夹中，保存输出结果的文件名为 commentTime.json。

（4）提交统计不同地区用户数量的作业。

```
./bin/spark-submit  \
--class com.software.process.MemberCityProcess  \
--master yarn  \
--deploy-mode client \
--executor-memory 3G \
--driver-memory 4G \
/opt/jar/musicprocess-1.0-SNAPSHOT.jar  \
/musicdata/usersdata.csv /opt/output/memberprovincecount.json /musicdata/province.txt
```

作业执行完毕后，将运行结果保存到虚拟机的/opt 目录下 output 文件夹中，保存输出结果的文件名为 memberprovincecount.json。

（5）提交统计用户对音乐评论的词频作业。

```
./bin/spark-submit  \
--class com.software.process.CommentProcess  \
--master yarn  \
--deploy-mode client \
--executor-memory 3G \
--driver-memory 4G \
/opt/jar/musicprocess-1.0-SNAPSHOT.jar  \
/musicdata/commentsdata.csv /opt/data/stopword.txt /opt/output/wordcount.json
```

作业执行完毕后，将运行结果保存到虚拟机的/opt 目录下 output 文件夹中，保存输出结果的文件名为 wordcount.json。

3. 可视化模块部署运行

将数据分析可视化展示模块 musicweb 进行编译，并打包成名为 musicweb-1.0-SNAPSHOT.war 的 war 包。然后将 war 包复制到虚拟机 Tomcat 安装目录下的 webapps 文件夹中，当 Tomcat 服务器启动后，musicweb-1.0-SNAPSHOT.war 会自动解压为 musicweb-1.0-SNAPSHOT 文件夹。接着，将该文件夹重命名为 musicweb，如图 3-27 所示。最后，在浏览器中输入不同的访问地址即可看到不同维度分析结果的可视化展示。

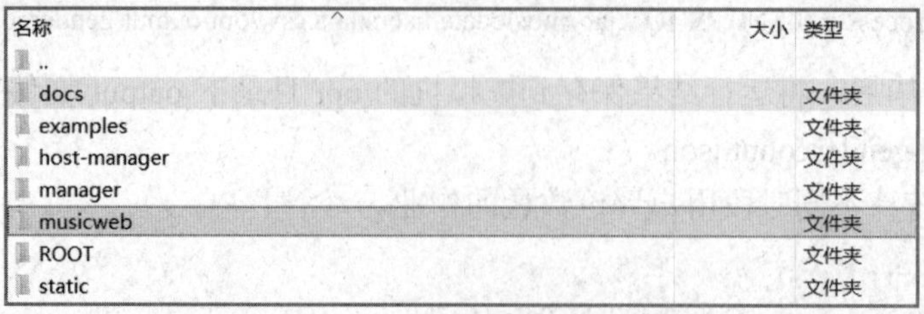

图 3-27   可视化展示模块 musicweb

第 3 章课件

本 章 小 结

　　本章主要介绍了流行音乐在线数据分析的架构设计、分析流程、数据分析以及分析结果的可视化展示。通过这个案例，可以深入了解如何设计一个高效的大数据分析系统，以及如何利用 Spark RDD 进行数据处理和分析。

本 章 练 习

1. 选择题

（1）以下语句执行后的结果是（　　）。

```
val   rdd = sc.parallelize(Array(1,2,3,4,5,6))
rdd.take(4)
```

　　　　A. Array(1,2,3,4)　　　　　　B. Array(2,3,4)

　　　　C. 3　　　　　　　　　　　　D. 6

（2）以下哪个操作不是 Spark RDD 编程中的操作？（　　）

　　　　A. map(func)　　　　　　　　B. take()

　　　　C. getFirstOne()　　　　　　　D. reduce()

（3）RDD 的转换操作包括哪些？（　　）

　　　　A. filter、map、reduceByKey　　B. count、collect、take

　　　　C. join、groupBy、orderBy　　　D. select、where、groupBy

（4）在 Spark 中，RDD 代表的是（　　）。

　　　　A. relational data definition　　　B. real-time data delivery

　　　　C. resilient distributed dataset　　D. remote data distribution

（5）运行以下代码输出的结果为（　　）。

```
val pairRDD = sc.parallelize(Seq(("Hadoop", 1), ("Spark", 1), ("Hive", 1), ("Spark", 1)))
val resultRDD = pairRDD.reduceByKey((a, b) => a + b)
resultRDD.foreach(println)
```

　　　　A. (Hadoop,1)　　　　　　　B. (Hadoop,2)

　　　　　　(Spark,2)　　　　　　　　　(Spark,1)

　　　　　　(Hive,1)　　　　　　　　　(Hive,1)

　　　　C. (Hadoop,2)　　　　　　　D. (Hadoop,1)

　　　　　　(Spark,2)　　　　　　　　　(Spark,2)

　　　　　　(Hive,2)　　　　　　　　　(Hive,2)

2. 编程题

结合本章流行音乐的数据源，编程完成以下 4 个小题。

（1）统计不同用户等级数量的占比分析。

（2）统计不同 VIP 等级用户数量的占比分析。

（3）分析用户点赞数量与粉丝数之间的关系，分析两者之间的相关性。

（4）分析用户评论的点赞数与发布时间的关系，分析是否存在热门评论的时机规律。

第 3 章答案

第**4**章

区域性房屋交易数据分析

4.1 项 目 背 景

每个行业、产业在不同的发展阶段都有其显著的特点，房地产行业也不例外。自进入21世纪以来，我国社会进入了快速城市化与信息化阶段，房地产作为城市化的主要支撑产业，其运营、销售管理已全面进入数字化、网络化、智能化阶段。在交易的过程中沉淀了大量的原始交易数据，这些数据虽然繁杂，但其中隐含了房屋交易市场的变化规律和营运密码。因此，对这些原始数据进行深入的数据挖掘，可以为房地产行业提供准确、科学的市场信息和决策支持，推动行业的可持续发展，并为房地产行业的运营探寻新的价值增长空间。

4.2 分 析 任 务

本案例利用 Spark SQL 对区域性房屋交易的已售和在售房源的数据进行了多维度的分析。分析内容包括在售房源房屋交易权属、房屋建筑结构、房源面积区间数量分布、各区在售房产数量分析以及在售房源的总价区间数量分布等。同时还对已售房源年度销量走势、不同地区不同年份销售的均价进行了分析。分析结果用各种不同的图表进行展示，以帮助购房者和房地产行业的人员及时了解市场的供需情况、价格趋势以及不同区域和房屋类型的特点，从而做出更准确的决策。

4.3 技 术 准 备

第 4 章案例代码

4.3.1 实验环境

本案例使用的软件环境和版本如下。

（1）操作系统：Windows 10、Windows 11、macOS、Ubuntu 等；

（2）开发工具：IDEA IntelliJ；

（3）大数据开发平台：Hadoop（3.1.2 及以上版本）；

（4）分布式计算框架：Spark（3.0.0 及以上版本）；

（5）Web 服务器：Tomcat；

（6）J2EE 企业级框架：Spring Boot（2.0.4 及以上版本）、MyBatis；

（7）关系型数据库：MySQL（8.0 版本）。

4.3.2 Spark SQL

1. 认识 Spark SQL

Spark SQL 是 Apache Spark 中的一个模块，用于处理结构化数据。它提供了一种统一的数据访问接口和查询引擎，让用户可以使用 SQL 语言或编程 API 来进行数据分析。

在 Spark SQL 中，数据被组织成具有命名列的表格形式，这个表格被称为 DataFrame。DataFrame 可以看作分布式的数据集合，具有丰富的数据操作功能，类似于传统关系型数据库中的表。

Spark SQL 的核心概念包括 DataFrame、Dataset、SQL 和数据源。

（1）DataFrame：DataFrame 是一个类似于关系型数据库中表的数据抽象，由行和列组成。DataFrame 可以通过不同的数据源进行创建，如 RDD、Parquet 文件、JSON 文件等。用户可以对 DataFrame 进行各种操作，包括过滤、投影、排序、聚合等。

（2）Dataset：Dataset 是 Spark SQL 提供的另一种数据抽象，在 DataFrame 的基础上引入了类型安全性。Dataset 可以看作强类型的 DataFrame，可以充分利用编译器的类型检查功能，减少运行时的错误。

（3）SQL：Spark SQL 支持标准的 SQL 查询语言，用户可以使用 SQL 语句来查询和操作 DataFrame。Spark SQL 会将 SQL 查询转换为逻辑执行计划并优化执行过程，以提高查询性能。

（4）数据源：Spark SQL 支持多种数据源，包括 Hive、HDFS、本地文件系统、关系型数据库等。用户可以通过 Spark SQL 连接并访问不同的数据源。

通过这些核心概念，Spark SQL 提供了一个灵活而强大的工具，用于处理和分析结构化数据。

2. 掌握 Spark SQL 与 Shell 之间的交互

在 Spark 3.0 中，通过 spark-shell 启动的过程中，会初始化一个默认的 SparkSession 对象，并将其命名为 spark。SparkSession 是 Spark SQL 的主要入口点，替代了之前版本的 SQLContext 和 HiveContext。通过 spark 对象，可以执行 SQL 语句和 HiveQL 语句，并支持 SQL 和 HiveQL 语法解析器。

【例 4-1】声明 SqlContext 对象。

```
scala> val sqlContext = new org.apache.spark.sql.SQLContext(sc)
sqlContext: org.apache.spark.sql.SQLContext = org.apache.spark.sql.SQLContext@30b0d271
```

3. 创建 DataFrame 对象

以分析某知名网站获取房屋交易的商圈信息数据源为例，创建 DataFrame 对象，数据源以 CSV 文件的形式保存，首先将文件上传至 HDFS，然后读取文件并转换为 DataFrame 对象，命令如下：

```
[root@node01 data]# hdfs dfs -mkdir /housefiles
[root@node01 data]# hdfs dfs -put /opt/data/community.csv /housefiles
```

1）第一种创建 DataFrame 对象的方式

采用 DataFrameReader.load 方法读取 CSV 文件，它可以根据指定的数据格式和路径加载不同类型的数据，并返回一个 DataFrame 对象。

【例 4-2】采用 DataFrameReader.load 方法读取 CSV 文件。

```
val df = spark.read
  .format("csv")                        // 指定数据格式为CSV
  .option("header", "true")             // 指定包含列名的CSV文件
  .option("inferSchema", "true")        // 自动推断列的数据类型
  .load("/housefiles/community.csv")    // 指定CSV文件的路径
df.show()                               // 展示DataFrame中的数据
```

2）第二种创建 DataFrame 对象的方式

采用 StructType 对象来定义结构化数据的模式，并使用该模式创建 DataFrame 对象，具体步骤如下所示。

步骤 1：定义 StructType 用于描述房屋交易商圈信息的数据集结构。StructType 是一个用于描述数据集结构的类，由多个 StructField 对象组成，每个 StructField 代表数据集中的一个字段。StructField 包含字段的名称、数据类型以及其他元数据信息。通过 StructType 可以定义和管理数据集的结构，包括列的名称、数据类型、是否可为空等，这对于处理和操作结构化数据非常有用。例如，读取 CSV 文件时，可以使用 StructType 来指定列的名称和数据类型，以便正确解析数据。

【例 4-3】创建 StructType 对象。

```
scala> import org.apache.spark.sql.types.{StructType,StructField,StringType,IntegerType}
import org.apache.spark.sql.types.{StructType, StructField, StringType, IntegerType
scala>val schema=new StructType().add(StructField("id",StringType))
```

```
.add(StructField("community",StringType))
.add(StructField("district",StringType))
.add(StructField("buildingNum",IntegerType))
.add(StructField("houseNum",IntegerType))
```

📖 说明：① StringType 是 Spark SQL 中的一个基本数据类型，用于表示字符串类型的数据。

② IntegerType 是 Spark SQL 中的一个基本数据类型，用于表示整数类型的数据。

步骤 2：将数据映射为 Row 对象。

Row 类在 Spark SQL 中用于封装一行数据记录。它是一个不可变对象，可以通过索引或字段名来获取特定列的值。每个 Row 对象表示一行数据记录，其中包含一个或多个列的值。访问行中的列值有两种方式：可以使用 Row 对象的 get(index: Int)方法根据索引获取某一列的值，如利用 row.get(0)获取第一列的值；也可以使用 getAs[T](fieldName:String)方法根据字段名获取某一列的值，如利用 row.getAs[String]("name")获取名为"name"的列值，并将其解释为字符串类型。将 RDD 中的元素按逗号分隔，并将分隔后的数据映射为对应的 Row 对象。

【例 4-4】将数据映射为 Row 对象。

```
scala> import org.apache.spark.sql.Row
import org.apache.spark.sql.Row
scala> val rowRDD = community.map(_.split(",")).map(data=>Row(data(0),data(1).trim,data(2).trim,data(3).toInt,data(4).toInt) )
rowRDD:  org.apache.spark.rdd.RDD[org.apache.spark.sql.Row]  =  MapPartitionsRDD[3]  at  map  at <console>:27
```

运行结果如下：

```
scala> rowRDD.collect
res0: Array[org.apache.spark.sql.Row] = Array([10001,华天商贸城,高淳,2,36], [10002,湖滨一品苑,高
淳,12,77], [10003,红太阳国际财智广场,高淳,8,400], [10004,华地名仕居,高淳,27,624], [10005,双湖星城,高
淳,32,1347], [10006,景湖名都,高淳,13,291], [10007,淳中路36号院,高淳,3,68], [10008,花样年花样城,高
淳,17,19], [10009,栗园路1号院,高淳,2,45], [10010,凯悦花园,高淳,17,480], [10011,高淳碧桂园,高淳,23,1817],
[10012,龙湖春江紫宸,鼓楼,15,1747], [10013,热河南路,鼓楼,81,3866], [10014,君临国际,鼓楼,3,1251], [10015,
汉北街8号,鼓楼,18,558], [10016,新河二村,鼓楼,31,1392], [10017,西桥,鼓楼,28,1134], [10018,世茂外滩新城,
鼓楼,15,5629], [10019,清江花苑清风园,鼓楼,8,470], [10020,腾飞园,鼓楼,19,777], [10021,豆菜桥小区,鼓
楼,23,935])
```

步骤 3：将 RDD 对象转换为 DataFrame 对象。

【例 4-5】将 RDD 对象转换为 DataFrame 对象。

```
scala> val communityDataFrame = sqlContext.createDataFrame(rowRDD,schema)
communityDataFrame: org.apache.spark.sql.DataFrame = [id: string, community: string ... 3 more fields]
```

4. 查看 DataFrame 数据的方法

查看 DataFrame 数据的常用方法如表 4-1 所示。

表 4-1　查看 DataFrame 数据的常用方法

方　　法	描　　述
printSchema	显示 DataFrame 数据模式
show	查看数据
first/head/take/takeAsList	获取若干行数据
collect/collectAsList	获取所有数据

1）printSchema

使用 printSchema 方法可以查看数据模式，打印出列的名称和类型。

【例 4-6】利用 printSchema 方法查看数据模式。

```
scala> communityDataFrame.printSchema
root
 |-- id: string (nullable = true)
 |-- community: string (nullable = true)
 |-- district: string (nullable = true)
 |-- buildingNum: integer (nullable = true)
 |-- houseNum: integer (nullable = true)
```

2）show

使用 show 方法可以查看 DataFrame 数据，show 函数传递的参数不同，则显示的结果不同，如表 4-2 所示。

表 4-2　show 方法

方　　法	说　　明
show()	显示前 20 条记录
show(numRows:Int)	显示记录行数
show(truncate:Boolean)	是否最多显示 20 个字符，默认为 true
show(numRows:Int,truncate:Boolean)	显示 numRows 记录行数并设置显示的字符个数

show()方法与 show(true)方法一样，只显示前 20 条记录并且最多只显示 20 个字符。若要显示所有字符，需要使用 show(false)方法。

【例 4-7】show()方法的应用。

```
scala> communityDataFrame.show()
+-----+-----------------+--------+-----------+--------+
|   id|        community|district|buildingNum|houseNum|
+-----+-----------------+--------+-----------+--------+
|10001|         华天商贸城|    高淳|          2|      36|
|10002|         湖滨一品苑|    高淳|         12|      77|
|10003|   红太阳国际财智广场|    高淳|          8|     400|
|10004|         华地名仕居|    高淳|         27|     624|
|10005|         双湖星城|    高淳|         32|    1347|
|10006|         景湖名都|    高淳|         13|     291|
|10007|       淳中路36号院|    高淳|          3|      68|
|10008|       花样年花样城|    高淳|         17|      19|
```

|10009|	栗园路1号院|	高淳|	2|	45|
|10010|	凯悦花园|	高淳|	17|	480|
|10011|	高淳碧桂园|	高淳|	23|	1817|
|10012|	龙湖春江紫宸|	鼓楼|	15|	1747|
|10013|	热河南路|	鼓楼|	81|	3866|
|10014|	君临国际|	鼓楼|	3|	1251|
|10015|	汉北街8号|	鼓楼|	18|	558|
|10016|	新河二村|	鼓楼|	31|	1392|
|10017|	西桥|	鼓楼|	28|	1134|
|10018|	世茂外滩新城|	鼓楼|	15|	5629|
|10019|	清江花苑清风园|	鼓楼|	8|	470|
|10020|	腾飞园|	鼓楼|	19|	777|

```
+-----+------------------+--------+----------+--------+
only showing top 20 rows
```

3）first/head/take/takeAsList

利用 first 方法可以获取第一行记录；利用 head(n:Int)方法可以获取前 *n* 行记录；利用 take(n:Int)方法可以获取前 *n* 行记录；利用 takeAsList(n:Int)方法可以获取前 *n* 行数据，并以 List 的形式展示。

【例 4-8】first/head/take/takeAsList 方法的应用。

```
scala> communityDataFrame.first()
res3: org.apache.spark.sql.Row = [10001,华天商贸城,高淳,2,36]
scala> communityDataFrame.head(5)
res4: Array[org.apache.spark.sql.Row] = Array([10001,华天商贸城,高淳,2,36], [10002,湖滨一品苑,高
淳,12,77], [10003,红太阳国际财智广场,高淳,8,400], [10004,华地名仕居,高淳,27,624], [10005,双湖星城,高
淳,32,1347])
scala> communityDataFrame.take(5)
res6: Array[org.apache.spark.sql.Row] = Array([10001,华天商贸城,高淳,2,36], [10002,湖滨一品苑,高
淳,12,77], [10003,红太阳国际财智广场,高淳,8,400], [10004,华地名仕居,高淳,27,624], [10005,双湖星城,高
淳,32,1347])
scala> communityDataFrame.takeAsList(5)
res7: java.util.List[org.apache.spark.sql.Row] = [[10001,华天商贸城,高淳,2,36], [10002,湖滨一品苑,高
淳,12,77], [10003,红太阳国际财智广场,高淳,8,400], [10004,华地名仕居,高淳,27,624], [10005,双湖星城,高
淳,32,1347]]
```

4）collect/collectAsList

利用 collect 方法可以获取 DataFrame 中的所有数据，并返回一个 Array 对象；利用 collectAsList 方法则可以获取 DataFrame 中的所有数据，并以 List 的形式返回。

【例 4-9】collect/collectAsList 方法的应用。

```
scala> communityDataFrame.collect()
res8: Array[org.apache.spark.sql.Row] = Array([10001,华天商贸城,高淳,2,36], [10002,湖滨一品苑,高
淳,12,77], [10003,红太阳国际财智广场,高淳,8,400], [10004,华地名仕居,高淳,27,624], [10005,双湖星城,高
淳,32,1347], [10006,景湖名都,高淳,13,291], [10007,淳中路36号院,高淳,3,68], [10008,花样年花样城,高
淳,17,19], [10009,栗园路1号院,高淳,2,45], [10010,凯悦花园,高淳,17,480], [10011,高淳碧桂园,高淳,23,1817],
[10012,龙湖春江紫宸,鼓楼,15,1747], [10013,热河南路,鼓楼,81,3866], [10014,君临国际,鼓楼,3,1251], [10015,
汉北街8号,鼓楼,18,558], [10016,新河二村,鼓楼,31,1392], [10017,西桥,鼓楼,28,1134], [10018,世茂外滩新城,
```

鼓楼,15,5629], [10019,清江花苑清风园,鼓楼,8,470], [10020,腾飞园,鼓楼,19,777], [10021,豆菜桥小区,鼓楼,23,935])

```
scala> communityDataFrame.collectAsList()
   res9: java.util.List[org.apache.spark.sql.Row] = [[10001,华天商贸城,高淳,2,36], [10002,湖滨一品苑,高
淳,12,77], [10003,红太阳国际财智广场,高淳,8,400], [10004,华地名仕居,高淳,27,624], [10005,双湖星城,高
淳,32,1347], [10006,景湖名都,高淳,13,291], [10007,淳中路36号院,高淳,3,68], [10008,花样年花样城,高
淳,17,19], [10009,栗园路1号院,高淳,2,45], [10010,凯悦花园,高淳,17,480], [10011,高淳碧桂园,高淳,23,1817],
[10012,龙湖春江紫宸,鼓楼,15,1747], [10013,热河南路,鼓楼,81,3866], [10014,君临国际,鼓楼,3,1251], [10015,
汉北街8号,鼓楼,18,558], [10016,新河二村,鼓楼,31,1392], [10017,西桥,鼓楼,28,1134], [10018,世茂外滩新城,
鼓楼,15,5629], [10019,清江花苑清风园,鼓楼,8,470], [10020,腾飞园,鼓楼,19,777], [10021,豆菜桥小区,鼓
楼,23,935]]
```

5. DataFrame 查询操作

1）SQL 语法风格

SQL 语法风格是用 SQL 语句进行数据查询。在 Spark SQL 中，可以通过创建临时视图或全局视图来辅助使用 SQL 查询数据。可以将 DataFrame 注册称为临时表，然后通过 SQL 语句查询房屋交易所在的商圈编号、商圈名称、位置、小区数量以及房屋数量。

【例 4-10】SQL 语句查询。

```
scala> communityDataFrame.registerTempTable("tblcommunity")
   warning: there was one deprecation warning (since 2.0.0); for details, enable `:setting -deprecation' or
`:replay -deprecation'
   scala> val communityRdd = sqlContext.sql("select id,community,district,buildingNum,houseNum from
tblcommunity")
   communityRdd: org.apache.spark.sql.DataFrame = [id: string, community: string ... 3 more fields]
```

执行以下命令，查看运行结果。

```
scala> communityRdd.collect
```

☞提示：SQL 语法风格首先通过 createOrReplaceTempView()方法将 DataFrame 注册为一张临时表，然后使用 spark.sql()方法执行 SQL 查询。可以在查询语句中使用标准的 SQL 语法进行数据筛选、聚合等操作。

2）DSL 语法

DataFrame 可以提供一个特定领域语言（domain-specific language，DSL）去管理结构化的数据，使用 DataFrame 的 DSL 语法风格，可以直接对 DataFrame 对象进行操作和查询，而无须创建临时视图。

【例 4-11】条件查询。

使用 where(conditionExpr: String)根据指定条件进行查询，该方法的返回结果仍然为 DataFrame 类型。例如，查询小区编号为 10001、10004、10005 的信息。

```
scala> val communityDataFrameById = communityDataFrame.where("id in (10001,10004,10005)")
   communityDataFrameById: org.apache.spark.sql.Dataset[org.apache.spark.sql.Row] = [id: string, community:
string ... 3 more fields]
```

运行结果如下：

```
scala> communityDataFrameById.show(3)
+-----+---------+--------+-----------+--------+
|   id| community|district|buildingNum|houseNum|
+-----+---------+--------+-----------+--------+
|10001|华天商贸城|    高淳|          2|      36|
|10004|华地名仕居|    高淳|         27|     624|
|10005|  双湖星城|    高淳|         32|    1347|
```

DataFrame 还可使用 filter 筛选符合条件的数据，filter 与 where 的使用方法一样。例如，查询小区编号为 10001，同时小区所在的商圈为"高淳"的记录。

```
scala> val communityFilterRDD = communityRdd.filter("id=10001 and district like '%高淳%'").show(1)
+-----+---------+--------+-----------+--------+
|   id| community|district|buildingNum|houseNum|
+-----+---------+--------+-----------+--------+
|10001|华天商贸城|    高淳|          2|      36|
```

【例 4-12】查询指定字段的数据信息。

DataFrame 可以使用 select 方法查询指定字段的数据信息。例如，查询小区编号、小区名称以及小区所在的商圈信息，代码如下：

```
scala> communityRdd.select("id","community","district").show(3)
+-----+----------------+--------+
|   id|       community|district|
+-----+----------------+--------+
|10001|      华天商贸城|    高淳|
|10002|      湖滨一品苑|    高淳|
|10003|红太阳国际财智广场|    高淳|
```

【例 4-13】orderBy 排序操作。

orderBy 方法是根据指定字段排序，默认为升序排列。若是要求降序排列，可以使用 desc("字段名称")、$"字段名".desc 或者在字段的前面加 "-" 表示。例如，根据小区编号实现降序排列。

方法 1：采用 desc("字段名称")实现降序排列。

```
scala> communityRdd.orderBy(desc("id")).show(3)
+-----+-------------+--------+-----------+--------+
|   id|    community|district|buildingNum|houseNum|
+-----+-------------+--------+-----------+--------+
|10021|   豆菜桥小区|    鼓楼|         23|     935|
|10020|     腾飞园|    鼓楼|         19|     777|
|10019|清江花苑清凤园|    鼓楼|          8|     470|
```

方法 2：采用$"字段名".desc 实现降序排列。

```
scala> communityRdd.orderBy($"id".desc).show(3)
+-----+-------------+--------+-----------+--------+
|   id|    community|district|buildingNum|houseNum|
```

```
+-----+------------+--------+----------+-------+
|10021|   豆菜桥小区|    鼓楼|       23|    935|
|10020|      腾飞园|    鼓楼|       19|    777|
|10019|清江花苑清风园|    鼓楼|        8|    470|
```

方法 3：采用字段名前面加"-"实现降序排列。

```
scala> communityRdd.orderBy(-communityRdd("id")).show(3)
+-----+------------+--------+----------+-------+
|   id|   community|district|buildingNum|houseNum|
+-----+------------+--------+----------+-------+
|10021|   豆菜桥小区|    鼓楼|       23|    935|
|10020|      腾飞园|    鼓楼|       19|    777|
|10019|清江花苑清风园|    鼓楼|        8|    470|
```

📖说明：sort 方法和 orderBy 方法一样，也是根据指定字段排序，用法与 orderBy 相同。

【例 4-14】groupBy 分组操作。

groupBy 方法是根据字段进行分组操作，可以使用 String 类型的字段名进行分组，也可使用 Column 类型的对象进行分组。例如，统计不同商业圈的房屋交易数量。

```
scala>import org.apache.spark.sql.functions._
//使用String类型的字段名进行分组
scala>val result1 = communityRdd.groupBy("district").count.show(5)
//使用Column类型的对象进行分组
scala>val result2 = communityRdd.groupBy(col("district")).count.show(5)
// 显示统计结果
Result1.show()
```

📖说明：groupBy 方法返回的是 GroupedData 对象，GroupedData 对象提供了一组用于聚合操作的方法，如聚合函数（aggregate、avg、count、max、min 等），通过这些方法，可以对数据分组并进行各种聚合计算。

6. DataFrame 输出操作

DataFrame 输出操作有多种方式，其中一种常用方式是通过调用 save(path: String, source: String, mode: SaveMode)方法将 DataFrame 中的数据保存到关系型数据库。

【例 4-15】将 DataFrame 类型的 result 对象写入 MySQL 数据库。

```
result.write .format("jdbc")
        .option("url",数据库连接url)
        .option("driver",数据库驱动程序)
        .option("user",用户名)
        .option("password",密码)
        .option("dbtable",表名)
        .mode(SaveMode.Append)
        .save()
```

> 📖 说明：上述代码使用.format("jdbc")指定将 DataFrame 保存到关系型数据库，并通过.option()方法设置连接数据库的 url、驱动程序、用户名、密码、表名等。最后使用.mode(SaveMode.Append)方法设置保存模式为追加模式，并调用.save()方法进行保存。

mode 函数可以接收的参数有 SaveMode.Overwrite、SaveMode.Append、SaveMode.Ignore 和 SaveMode.ErrorIfExists。Overwrite 表示覆盖目录下之前存在的数据；Append 表示给指定目录下追加数据；Ignore 表示在目录下已经有数据时就什么都不执行；ErrorIfExists 表示如果保存目录下已存在的数据，则会抛出异常，阻止保存操作。

4.4 任务实现

4.4.1 数据源

区域性房屋交易数据源是从某知名网站获取的南京市房屋交易数据，时间范围从 2012 年 1 月到 2012 年 6 月 30 日。在售房源数据共计 72 072 套，成交房源共计 73 624 套，这些数据覆盖了南京市的 11 个城区，共包括 4521 个小区，数据源以 CSV 文件的形式保存。

（1）南京市在售房源的数据结构如表 4-3 所示。

表 4-3 在售房源数据结构

序 号	字 段 名	字 段 说 明	字段样本描述
1	ID_Onsale	房源号	
2	link_Onsale	链接	网站链接地址
3	title	标题	在售房源名称
4	total_price	总价	单位：元/平方米
5	unit_price	单价	单位：元/平方米
6	community	小区	
7	layout	户型	几室几厅几厨几卫
8	floor	楼层	
9	build_area	建筑面积	单位：平方米
10	layout_construct	户型结构	
11	use_area	使用面积	
12	build_type	建筑类型	房屋的建筑类型风格：中式、欧式等
13	towards	朝向	
14	build_construct	建筑结构	
15	decorate	装修情况	
16	stair_resident_ratio	梯户比	
17	has_elevator	电梯情况	有/无
18	start_sale_time	挂牌日期	YYYY-MM-DD
19	ownership	交易权属	房源交易所属的权属

续表

序　号	字　段　名	字　段　说　明	字段样本描述
20	last_transfer_time	上次交易时间	YYYY-MM-DD
21	yearlimit	房屋最终年限	
22	usefor	房屋年限	
23	property_belong	产权所属	
24	moregage	抵押信息	
25	has_photo	房本照片	
26	feature	房屋特色	
27	focus_num	关注人数	

（2）南京市已售房源的数据结构如表 4-4 所示。

表 4-4　已售房源数据结构

序　号	字　段　名	字　段　说　明	字段样本描述
1	ID_Sold	房源号	
2	total_price	成交总价	单位：元/平方米
3	unit_price	成交单价	单位：元/平方米
4	community	小区	
5	build_area	建筑面积	单位：平方米
6	layout	户型	
7	sold_day	成交日期	YYYY-MM-DD

（3）南京市在售房源所在商圈的数据结构如表 4-5 所示。

表 4-5　在售房源所在商圈数据结构

序　号	字　段　名	字　段　说　明	字段样本描述
1	ID_Community	小区编号	
2	link_Community	小区链接	
3	district	描述信息	
4	region	所在地区	
5	longitude	经度	
6	latitude	纬度	
7	build_year	建筑年份	YYYY（年份）
8	building_num	栋数	
9	house_num	房屋数量	

4.4.2　架构设计

区域性房屋交易数据分析系统实现了对区域性房屋交易数据的深度挖掘，直观、可视、实时地展示了房屋交易变化的一般规律，为上层决策者或购房用户需求者预测未来市场趋势提供参考，系统的总体设计架构如图 4-1 所示。

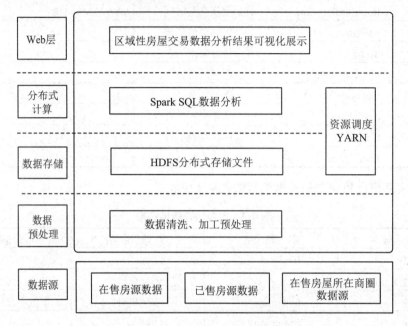

图 4-1　房屋交易数据分析系统架构图

1. 数据获取

本案例的数据采集源于房屋交易的互联网平台，其中包括多个数据集和数据类型。具体主要包括在售房源数据集、已售房源数据集、在售房源所在商圈数据源等。

2. 数据清洗

数据清洗是指对原始的房屋交易数据进行处理和转换，去除原始数据中没用的重复数据，处理原始数据的缺失值和异常值等，并将数据统一为一致的格式，确保数据的准确性和完整性。

3. 数据存储

数据存储是指将经过清洗的房屋交易数据保存到 HDFS（Hadoop 分布式文件系统），HDFS 作为一种分布式文件系统，具有高可靠性、高扩展性、高吞吐量、适用于大数据处理和强容错性等优点。

4. 数据分析

数据分析是对清洗后的房屋交易数据进行各种计算和处理，旨在揭示市场趋势和规律。对采集到的大量、多样化的房屋交易数据进行多维度分析，主要包括在售房源房屋交易权属、房屋建筑结构、房源面积区间数量分布、各区在售房产数量分析以及在售房源的总价区间数量分布等。同时还计算了已售房源年度销量走势、不同地区不同年份销售的均价分析等。

5. 数据可视化

区域性房屋交易数据分析结果可以通过多种图表展示，如柱状图、折线图、饼状图、地理热图等，以直观清晰的方式展现了房屋交易数据和房产销售市场变化规律。

4.4.3　设计思路

区域性房屋交易数据分析的设计流程主要分为数据采集、清洗、数据存储、数据分析、数据挖掘、数据展示等几部分，设计流程如图 4-2 所示。

图 4-2　房屋交易数据分析设计流程

（1）将在售房源数据源、已售房源数据源以及在售房源所在商圈数据源上传至 HDFS。

（2）采用 Spark SQL 实现对区域性房屋交易进行在售房源、已售房源等多维度的分析。

（3）通过 Maven 将项目打包成 jar 包，并将其上传至虚拟机。

（4）通过 Spark on YARN 的运行模式，提交作业实现不同维度的数据分析。

（5）将分析结果保存至 MySQL 数据库。

（6）搭建 Web 项目，将分析后的结果可视化显示在房屋交易平台上。

4.4.4　统计分析

通过获取的区域性房屋交易数据集，可实现在售房源房屋交易权属、房屋建筑结构、房源面积区间数量分布、各区在售房产数量分析以及在售房源的总价区间数量分布等多维度分析。同时还对已售房源年度销量走势、不同地区不同年份销售的均价进行了分析。

区域性房屋交易数据分析的实现采用 IDEA 作为开发环境，Maven 作为项目构建和管理工具，规范化项目的管理。

1. 创建 Maven 项目

使用 IDEA 创建一个名为 houseproject 的 Maven 项目，作为区域性房屋交易数据分析的父项目，实现项目规范化管理。在 houseproject 中添加名为 houseprocess 的 Maven 子模块，用于实现数据分析的功能。数据分析的主框架如图 4-3 所示。

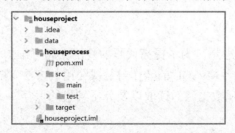

图 4-3　houseprocess 数据分析模块

2. 添加项目依赖

houseprocess 模块主要采用 Spark SQL 实现区域性房屋交易的数据分析，分析的结果写入 MySQL 数据库。修改 houseproject/houseprocess 目录下的 pom.xml 文件，添加 Spark Core、Spark SQL 等相关依赖包。

```xml
<properties>
    <spark.version>3.0.0</spark.version>
    <scala.version>2.12</scala.version>
</properties>
<dependencies>
    <dependency>
      <groupId>org.apache.spark</groupId>
      <artifactId>spark-core_2.12</artifactId>
      <version>${spark.version}</version>
    </dependency>
    <dependency>
      <groupId>org.apache.spark</groupId>
      <artifactId>spark-yarn_2.12</artifactId>
      <version>${spark.version}</version>
    </dependency>
    <dependency>
      <groupId>org.apache.spark</groupId>
      <artifactId>spark-sql_2.12</artifactId>
      <version>${spark.version}</version>
    </dependency>
    <dependency>
      <groupId>mysql</groupId>
      <artifactId>mysql-connector-java</artifactId>
      <version>${mysql.version}</version>
    </dependency>
</dependencies>
```

3. 加载数据

在 houseproject 父工程下新建一个名为 data 的文件夹，并将在售房源数据集（onSaleHouse.csv）、已售房源数据集（soldHouse.csv）、词频分析过滤词汇数据集（stopword.txt）3 个文件复制到 data 文件夹下。编码测试阶段实现的各维度数据分析所需的数据集从这个目录下获取。

4. 封装工具类

根据软件重构的设计思想，为了提高代码的复用性和可维护性，可以将读取数据源文件和最后将分析结果保存至 MySQL 的操作封装成公用的方法。在 houseprocess 子模块下建立 SparkUtils 工具类，实现数据源的读取以及分析结果的保存。

```
object SparkUtils {
  /**
```

```
    *  获取SparkSession对象
    * @param jobName：运行名称
    * @param runModel：运行模式
    * @return
    */
  def getSparkSession(jobName:String,runModel:String):SparkSession = {
    //创建Spark环境配置对象
    val sparkConf = new SparkConf().setMaster(runModel).setAppName(jobName)
    //创建SparkSession对象
    val spark = SparkSession.builder().config(sparkConf).getOrCreate()
    spark
  }
/**
    *  功能：将分析结果写入数据库
    * @param sqlResult：DataFrame类型的对象
    * @param tablename：写入关系型数据库的表名
    */
  def saveMysql(sqlResult:DataFrame,tablename:String) = {
    sqlResult.write
      .format("jdbc")
      .option("url","jdbc:mysql://192.168.198.101:3306/housedb")
      .option("driver","com.mysql.cj.jdbc.Driver")
      .option("user","root")
      .option("password","123456")
      .option("dbtable",tablename)
      .mode(SaveMode.Overwrite)
      .save()
  }
}
```

5. 在售房源不同维度的数据分析

在售房源不同维度的分析主要包括房屋交易权属、房屋建筑结构、房源面积区间数量分布、各区在售房产数量以及在售房源的总价区间数量分布等。

在 houseprocess 模块中创建 OnSaleSQL 伴生对象和 SparkSQL 伴生对象，OnSaleSQL 伴生对象定义了在售、已售房源各维度分析的 SQL 语句，而 SparkSQL 伴生对象则负责读取数据源并调用相应的SQL语句实现数据分析，这种模块化的设计可以使得代码更加清晰，容易维护和扩展。

1）在售房源房屋交易权属分析

在售房源房屋交易权属分析主要针对在售房源数据源中的交易所属权（ownership）列进行统计分析。

```
//定义房屋交易权属统计分析的SQL语句
lazy val ownership_num =
    """
      |select ownership,count(*) total_sum
      |from tbl_onsale
```

```
    |group by ownership
|""".stripMargin
//调用sql函数执行在售房屋交易权属统计分析的SQL语句
val ownership_numResult = spark.sql(OnSaleSQL.ownership_num)
//将ownership_numResult结果保存到MySQL数据库
SparkUtils.saveMysql(ownership_numResult,"ownership_num")
```

📖 说明：lazy 声明变量可以延迟初始化。

2）房屋建筑结构分析

在售房源建筑结构分析主要针对在售房源数据源中的房屋建筑结构（build_construct）列进行统计分析。

```
//定义在售房源建筑结构统计分析的SQL语句
lazy val build_construct_num =
    """
    |select build_construct,count(*) total_sum
    |from tbl_onsale
    |group by build_construct
    |""".stripMargin
//调用sql函数执行在售房源建筑结构统计分析的SQL语句
val build_construct_numResult = spark.sql(OnSaleSQL.build_construct_num)
//将build_construct_numResult 结果保存到MySQL数据库
SparkUtils.saveMysql(build_construct_numResult,"build_construct_num")
```

3）在售房源的面积统计分析

在进行在售房源的面积统计分析时，主要针对在售房源数据源中的建筑面积（build_area）列进行统计分析。为了更好地分析数据，将面积区间范围划分为 50 平方米以下、50 平方米至 69 平方米，70 平方米至 89 平方米、90 平方米至 109 平方米、110 平方米及以上 5 个范围。

```
//定义在售房源的面积统计分析的SQL语句
lazy val build_area =
    """
    |select '小于50' buildarea,count(*) total ,'1'   orderid
      |from tbl_onsale where round(build_area)<50
      |union
      |select '50-69' buildarea,count(*) total,'2' orderid
      |from tbl_onsale where round(build_area) between 50 and 69
      |union
      |select '70-89' buildarea,count(*) total,'3' orderid
      |from tbl_onsale where round(build_area) between 70 and 89
      |union
      |select '90-109' buildarea,count(*) total,'4' orderid
      |from tbl_onsale where round(build_area) between 90 and 109
      |union
      |select '110及以上' buildarea,count(*) total,'5' orderid
      |from tbl_onsale where round(build_area) >=110
```

```
    |""".stripMargin
val build_area_rangeResult = spark.sql(OnSaleSQL.build_area)
SparkUtils.saveMysql(build_area_rangeResult,"build_area_range")
```

4）各区在售房产数量分析

各区在售房产数量分析主要针对在售房源数据源中的房屋所在区（district）列进行统计分析。

```
lazy val district_num =
    """
      |select district,count(*) total_sum
      |from tbl_onsale
      |group by district
      |""".stripMargin
val district_numResult = spark.sql(OnSaleSQL.district_num)
SparkUtils.saveMysql(district_numResult,"district_num")
```

5）在售房源的总价区间数量统计分析

在进行在售房源的总价区间数量统计分析时，主要针对在售房源数据源中的预售总价（total_price）列进行统计分析。为了更好地分析数据，将在售房源的预售总价区间范围划分为 100 万元以下、100 万元至 199 万元、200 万元至 299 万元、300 万元至 399 万元、400 万元及以上 5 个范围。

```
lazy val total_price =
"""
    |select '100以下' totalprice,count(*) total,'1' as orderid from tbl_onsale
    |where round(total_price)<100
    |union
    |select '100-199' totalprice,count(*) total,'2' as orderid from tbl_onsale
    |where round(total_price)>=100 and round(total_price)<200
    |union
    |select '200-299' totalprice,count(*) total,'3' as orderid from tbl_onsale
    |where round(total_price)>=200 and round(total_price)<300
    |union
    |select '300-399' totalprice,count(*) total,'4' as orderid from tbl_onsale
    |where round(total_price)>=300 and round(total_price)<400
    |union
    |select '400及以上' totalprice,count(*) total,'5' as orderid from tbl_onsale
    |where round(total_price)>=400
    |""".stripMargin
val total_price_rangeResult =spark.sql(OnSaleSQL.total_price)
SparkUtils.saveMysql(total_price_rangeResult,"total_price_range")
```

6）已售房源年度销量走势

已售房源年度销量走势分析主要针对已售房源数据源中的成交时间（sold_day）列和总价（total_price）列进行统计分析。

```
lazy val sold_day_year =
    """
```

```
|select substring(sold_day,1,4) as year,count(*) as sold_num
|from tbl_sold
|group by year
|order by year
|""".stripMargin
val sold_day_yearResult = spark.sql(SoldSQL.sold_day_year)
SparkUtils.saveMysql(sold_day_yearResult,"sold_day_year")
```

7）已售房源不同地区不同年份销售均价分析

已售房源不同地区不同年份销售均价分析主要针对已售房源数据源中的成交时间（sold_day）、总价（total_price）以及房屋所在区（district）3 列进行统计分析。

```
lazy val total_price_sold_day_district =
    """
        |select substring(sold_day,1,4) as year,
        |round(avg(unit_price)) avg_price,district
        |from tbl_sold
        |group by district,year
        |""".stripMargin
val total_price_sold_day_districtResult = spark.sql(SoldSQL.total_price_sold_day_district)
SparkUtils.saveMysql(total_price_sold_day_districtResult,"total_price_sold_day_district")
```

4.4.5　可视化展示

区域性房屋交易数据分析的可视化展示采用 Spring Boot、MyBatis 企业级框架，并引入了 Echarts 库、Ajax 异步请求技术，通过柱状图、折线图、饼状图、地理热图等多种图形形式展示了区域性房屋交易不同维度数据分析结果。

1. 创建可视化展示模块并添加依赖包

在 houseproject 父工程下新建子模块 houseweb，修改 houseproject/houseweb 目录下的 pom.xml 文件，添加 Spring Boot、MyBatis 企业级框架的核心依赖包。

```
<!--继承了Spring Boot的默认配置和插件-->
<parent>
        <groupId>org.springframework.boot</groupId>
        <artifactId>spring-boot-starter-parent</artifactId>
        <version>2.5.2</version>
        <relativePath/>
</parent>
<properties>
<!--MySQL数据库版本号-->
    <mysql.version>8.0.20</mysql.version>
  </properties>
<!--引入Spring Boot Web应用程序所需的相关依赖-->
<dependency>
        <groupId>org.springframework.boot</groupId>
        <artifactId>spring-boot-starter-web</artifactId>
```

```
</dependency>
<!--提供了Spring Boot开发者工具，支持Spring Boot热部署-->
<dependency>
            <groupId>org.springframework.boot</groupId>
            <artifactId>spring-boot-devtools</artifactId>
            <scope>runtime</scope>
            <optional>true</optional>
</dependency>
<!--Spring Boot整合MyBatis的依赖包-->
    <dependency>
        <groupId>org.mybatis.spring.boot</groupId>
        <artifactId>mybatis-spring-boot-starter</artifactId>
        <version>2.2.2</version>
    </dependency>
<dependency>
        <groupId>mysql</groupId>
        <artifactId>mysql-connector-java</artifactId>
        <version>${mysql.version}</version>
</dependency>
```

2. 配置 Spring Boot 全局属性文件

在 houseweb 子模块的 resources 文件夹中配置 application.yml 文件，可以配置服务器端口号、热部署功能、数据库连接信息以及 MyBatis 的相关配置。

```
server:
   port: 8080 #配置服务器的端口号
spring:
   devtools:
     remote:
       restart:
          enabled: true #热部署开关，true：开启热部署；false：关闭热部署
       restart:
          additional-paths: houseweb/src/main/java #设置重启的目录，如果该目录下的文件发生变化（添加、修改）则重启服务
          exclude: static/**

   datasource:
     driver-class-name: com.mysql.cj.jdbc.Driver    #配置数据库驱动
     url: jdbc:mysql://192.168.198.101:3306/housedb #配置连接数据库的URL
     username: root #配置数据库用户名
     password: 123456 #配置数据库密码

mybatis:
   mapper-locations: classpath:mapper/*.xml
   type-aliases-package: org.example.entity
```

> 说明：① MyBatis 配置中的 mapper-locations 属性指定了 mapper 文件的位置，即 classpath:mapper
> 目录下的所有.xml 文件。
> ② type-aliases-package 属性指定了实体类的包路径，即 org.example.entity 包下的所有实体类都可以
> 被扫描和识别为别名。

3. 实体层

在 houseweb 子模块的 org.example.entity 包下创建了一个名为 HttpResponseEntity 的类，
该类用来封装服务器响应客户端请求的对象。HttpResponseEntity 中声明了响应消息的状态
码、数据、状态信息 3 个属性，并为这 3 个属性设置了相应的 get、set 方法。HttpResponseEntity
类具体定义如下所示。

```
//HttpResponseEntity实现了Serializable 接口，可以进行序列化操作
public class HttpResponseEntity implements Serializable {
    private String code;              //状态码
    private Object data;             //内容
private String message;              //状态信息
}
```

4. 数据库访问层

在 houseweb 子模块的 org.example.mapper 下创建一个名为 HouseMapper 的接口。
HouseMapper 接口中定义了一些抽象方法，用于查询区域性房屋交易不同维度的分析结果。

```
//数据库访问层
public interface HouseMapper {
    //查询在售房屋交易权属分析结果
    public List<Map<String,Object>> queryOwnershipNum();
    //查询在售房源建筑结构分析结果
    public List<Map<String,Object>> queryBuild_constructNum();
    //查询在售房源面积区间分布
    public List<Map<String,Object>> queryBuild_areaRange();
    //查询在售房源预售总价区间数量分布
    public List<Map<String,Object>> queryTotal_priceRange();
    //查询在售房源各区在售房产数量
    public List<Map<String,Object>> queryDistrictNum();
    //查询已售房源年度销量走势
    public List<Map<String,Object>> querySold_day_yearNum();
    //查询已售房源不同地区不同年份销售均价分析结果
    public List<TotalPriceSoldDayDistrictModel> queryTotal_price_sold_day_district();
}
```

5. 前端控制器层

在 houseweb 子模块的 org.example.controller 包下创建一个名为 HouseController 的前端
控制器类，HouseController 类负责处理不同维度的前端请求查询操作。前端控制器

（HouseController）接收到客户端发出的请求后，会调用数据库访问层中的查询方法。然后，将查询结果封装为 HttpResponseEntity 对象，并将其转换为 JSON 格式的数据返回给客户端。

```
/**
 * 前台控制器层
 * 1. 接收客户端发出的请求
 * 2. 调用数据库访问层中的方法
 * 3. 响应客户端的请求
 */
@RestController
public class HouseController {
    @Autowired
    private HouseMapper houseMapper;
    //处理查询在售房屋交易权属分析结果的请求
    @RequestMapping("/ownershipNum")
    public HttpResponseEntity ownershipNum(){
        HttpResponseEntity httpResponseEntity = new HttpResponseEntity();
        List<Map<String,Object>> data = houseMapper.queryOwnershipNum();
        httpResponseEntity.setCode(Constans.SUCCESS_CODE);
        httpResponseEntity.setData(data);
        httpResponseEntity.setMessage("success");
        return httpResponseEntity;
    }
    //处理查询在售房源建筑结构分析结果的请求
    @RequestMapping("/build_constructNum")
    public HttpResponseEntity build_constructNum(){
        HttpResponseEntity httpResponseEntity = new HttpResponseEntity();
        List<Map<String,Object>> data = houseMapper.queryBuild_constructNum();
        httpResponseEntity.setCode(Constans.SUCCESS_CODE);
        httpResponseEntity.setData(data);
        httpResponseEntity.setMessage("success");
        return httpResponseEntity;
    }
    //处理查询在售房源面积区间分布的请求
    @RequestMapping("/build_areaRange")
    public HttpResponseEntity build_areaRange(){
        HttpResponseEntity httpResponseEntity = new HttpResponseEntity();
        List<Map<String,Object>> data = houseMapper.queryBuild_areaRange();
        httpResponseEntity.setCode(Constans.SUCCESS_CODE);
        httpResponseEntity.setData(data);
        httpResponseEntity.setMessage("success");
        return httpResponseEntity;
    }
    //处理查询在售房源各区在售房产数量的请求
    @RequestMapping("/districtNum")
    public HttpResponseEntity districtNum(){
        HttpResponseEntity httpResponseEntity = new HttpResponseEntity();
        List<Map<String,Object>> data = houseMapper.queryDistrictNum();
```

```
            httpResponseEntity.setCode(Constans.SUCCESS_CODE);
            httpResponseEntity.setData(data);
            httpResponseEntity.setMessage("success");
            return httpResponseEntity;
        }
        //处理查询在售房源预售总价区间数量分布的请求
        @RequestMapping("/total_priceRange")
        public HttpResponseEntity total_priceRange(){
            HttpResponseEntity httpResponseEntity = new HttpResponseEntity();
            List<Map<String,Object>> data = houseMapper.queryTotal_priceRange();
            httpResponseEntity.setCode(Constans.SUCCESS_CODE);
            httpResponseEntity.setData(data);
            httpResponseEntity.setMessage("success");
            return httpResponseEntity;
        }
//处理查询已售房源年度销量走势的请求
@RequestMapping("/sold_day_yearNum")
        public HttpResponseEntity sold_day_yearNum(){
            HttpResponseEntity httpResponseEntity = new HttpResponseEntity();
            List<Map<String,Object>> data = houseMapper.querySold_day_yearNum();
            httpResponseEntity.setCode(Constans.SUCCESS_CODE);
            httpResponseEntity.setData(data);
            httpResponseEntity.setMessage("success");
            return httpResponseEntity;
        }
        //处理查询已售房源不同地区不同年份销售均价分析结果的请求
        @RequestMapping("/total_price_sold_day_district")
        public Map<String,List<TotalPriceSoldDayDistrictModel>> total_price_sold_day_district(){
            Map<String,List<TotalPriceSoldDayDistrictModel>> avgPriceMap = new HashMap<>();
            //存放房屋所在小区的集合
            List<String> districtList = new ArrayList<String>();
            List<TotalPriceSoldDayDistrictModel> rows =
                    houseMapper.queryTotal_price_sold_day_district();
            String year ="";
            String district = "";
            YearDistrictAvgPriceModel avgPrice = null;
            for(TotalPriceSoldDayDistrictModel total_price_sold_day_district : rows){
                district = total_price_sold_day_district.getDistrict();
                List<TotalPriceSoldDayDistrictModel> row = null;
                if(!avgPriceMap.containsKey(district)) {
                    row = new ArrayList<>();
                    row.add(total_price_sold_day_district);
                }else{
                    row = avgPriceMap.get(district);
                    row.add(total_price_sold_day_district);
                }
                avgPriceMap.put(district,row);
            }
            return avgPriceMap;
        }
    }
```

6. 前端页面设计

在 houseweb 子模块的 resources/static/pages 文件夹下创建了不同的数据维度，用于实现可视化展示的页面。通过使用柱状图、漏斗图、折线图、饼状图、地理热图等多种图形表现方式，可以直观、清晰地展现房屋交易数据中隐藏的变化规律。

1）在售房屋交易权属分析结果可视化展示

在 houseweb 子模块的 resources/static/pages 文件夹下创建了名为 ownershipnumpage.html 的页面，用于实现在售房屋交易权属分析结果的可视化展示。这个页面通过饼状图直观地展示了不同房屋交易权属所占的比例，实现代码可参考本书配套源码第 4 章中的相关代码，运行该页面后，效果如图 4-4 所示。

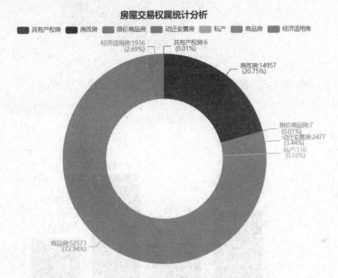

图 4-4　在售房源房屋交易权属可视化展示

从分析结果看，与限价房、私产房、共有产权房、动迁安置房、经济适用房和房改房相比，商品房占比近 73%，处于主导地位，与该地区房屋交易的实际情况基本一致。

2）在售房源建筑结构分析结果可视化展示

在 houseweb 子模块的 resources/static/pages 文件夹下创建了名为 buildconstructnum.html 的页面，用于实现在售房源建筑结构分析结果的可视化展示。这个页面通过饼状图直观地展示了不同房屋建筑结构所占的比例，实现代码可参考本书配套源码第 4 章中的相关代码，运行该页面后，效果如图 4-5 所示。

从分析结果看，钢混结构的房屋占比接近 78%，远超钢结构、砖混和砖木等结构的房屋，这与当地所销售房屋的实际情况基本一致。

3）在售房源面积区间分布可视化展示

在 houseweb 子模块的 resources/static/pages 文件夹下创建了名为 buildarearangepage.html 的页面，用于实现在售房源面积区间分布的可视化展示。这个页面通过柱状图直观地展示了在售房源不同面积区间范围所占的数量，实现代码可参考本书配套源码第 4 章中的相关代码，运行该页面后，效果如图 4-6 所示。

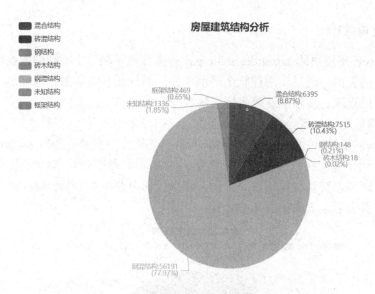

图 4-5 在售房源建筑结构分析结果可视化展示

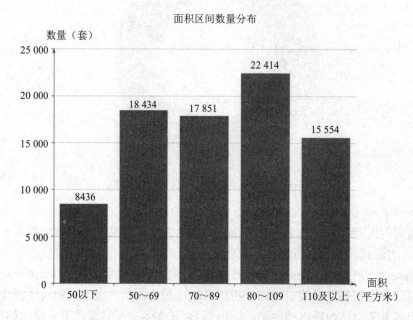

图 4-6 在售房源面积区间数量分布可视化展示

从分析结果看,销售房屋面积在 80~109 平方米区间的数量达到了 22 414 套,第二高的是面积在 50~69 平方米区间的房屋,达到了 18 434 套,这与该地区主要以刚需和改善性住房的需求基本一致。

4)在售房源各区在售房产数量可视化展示

在 houseweb 子模块的 resources/static/pages 文件夹下创建了名为 districtnum.html 的页面,用于实现在售房源各区在售房产数量可视化展示。这个页面通过南京市地图直观地展示了不同区域销售的房屋数量,实现代码可参考本书配套源码第 4 章中的相关代码,运行该页面后，效果如图 4-7 所示。

从分析结果看，南京市各区中鼓楼区的在售房屋数量最多，数量达到了 12 245 套，其次是栖霞区、浦口区、玄武区和建邺区，分别是 8892 套、7742 套、6738 套和 6421 套，这 5 个区的总数量达到了 42 038 套，占到了全部房源的 58%，而其他区因为配套不成熟、区位偏远等，在售房屋数量偏少，分析结果与实际情况基本一致。

5）在售房源预售总价区间数量分布可视化展示

在 houseweb 子模块的 resources/static/pages 文件夹下创建了名为 totalpricerangepage.html 的页面，用于实现在售房源预售总价区间数量分布可视化展示。这个页面通过柱状图直观地展示了在售房源不同预售总价区间范围所占的数量，实现代码可参考本书配套源码第 4 章中的相关代码，运行该页面后，效果如图 4-8 所示。

各区在售房产数量分析

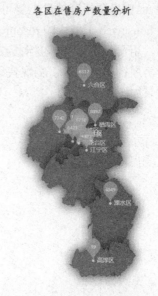

图 4-7　各区在售房产数量分析可视化展示

总价区间数量分布

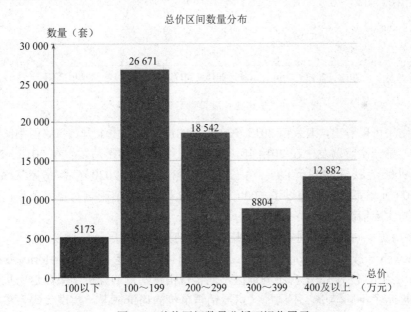

图 4-8　总价区间数量分析可视化展示

从分析结果看，销售数量前三甲的在售房屋主要集中在总价 100 万～199 万元区间、总价 200 万～299 万元区间、总价 400 万元及以上区间，分别是 26 671 套、18 542 套与 12 882 套。这与南京市当前的房屋成交额基本一致。

6）已售房源年度销量走势可视化展示

在 houseweb 子模块的 resources/static/pages 文件夹下创建了名为 soldDayYearNum.html 的页面，用于已售房源年度销量走势的可视化展示。这个页面通过折线图直观地展示了不同年份房屋销售的数量，实现代码可参考本书配套源码第四章中的相关代码，运行该页面后，效果如图 4-9 所示。

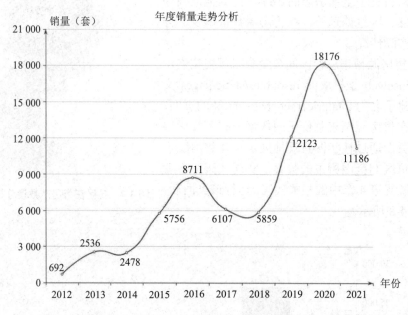

图 4-9　已售房源年度销量走势可视化展示

从分析结果可以看出，南京市 2012—2021 年的房价总体呈上升势头，但中间出现了三次震荡变化，第一次震荡发生在 2014 年，幅度很小；较大的震荡发生在 2016—2018 年，房屋从均价 9000 元跌至 6000 元以下；第三次房价震荡发生在 2020 年后，房屋从均价 18 000 元跌至 12 000 元以下，跌幅超过了 6000 元，这与当时的疫情影响有很大关系，分析的整体结果基本与实际情况相符。

7）已售房源不同地区不同年份销售均价分析结果可视化展示

在 houseweb 子模块的 resources/static/pages 文件夹下创建了名为 totalpricesolddaypage.html 的页面，用于展示已售房源不同地区不同年份销售均价的分析结果。这个页面通过散点图直观地展示了不同年份、不同地区房屋销售单价的均价情况，实现代码可参考本书配套源码第 4 章中的相关代码，运行该页面后，效果如图 4-10 所示。

通过对南京市 11 个行政区从 2011 年到 2021 年每年销售单价的均价走势进行分析，可以观察到房价整体呈上涨走势，但也存在少数行政区的房价呈下跌趋势。这种现象可能与该地区的房产政策或环境有关。

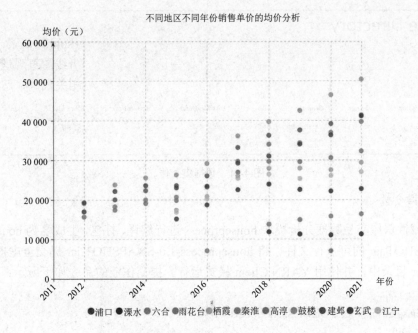

不同地区不同年份销售单价的均价分析

●浦口 ●溧水 ●六合 ●雨花台 ●栖霞 ●秦淮 ●高淳 ●鼓楼 ●建邺 ●玄武 ●江宁

图 4-10　已售房源不同区域不同年份销售单价的均价分析

4.5　部 署 运 行

区域性房屋交易数据分析项目包含数据分析模块（houseprocess）和数据可视化展示模块（houseweb）。完成项目编码测试后，需要进行打包，并将其部署到 Hadoop 大数据平台上运行。区域性房屋交易数据分析项目部署运行的具体步骤如下。

1. 数据集上传

本案例分析的数据源主要有在售房源数据集（onSaleHouse.csv）和已售房源数据集（soldHouse.csv）。首先将数据源提交虚拟机 Linux 操作系统下的/opt/data 目录中。然后启动 Hadoop 集群服务，并在 HDFS 上创建 housedata 的目录。最后使用提交命令将在售房源数据集和已售房源数据集上传到分布式文件系统中，命令如下所示：

```
[root@node01 ~]# hdfs dfs -mkdir /housedata
[root@node01 ~]# hdfs dfs -put /opt/data/soldHouse.csv /housedata
[root@node01 ~]# hdfs dfs -put /opt/data/onSaleHouse.csv /housedata
```

数据集上传成功后，可以在浏览器中输入地址：http://192.168.198.101:50070/explorer.html#/housedata，查看已上传到 HDFS 上的数据集，如图 4-11 所示。

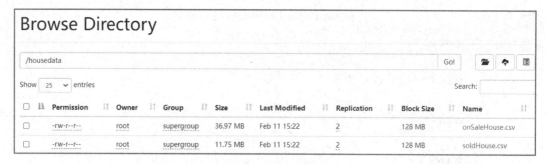

图 4-11　数据集上传

2. 数据分析

将区域性房屋交易数据分析模块 houseprocess 进行编译、打包,生成名为 houseprocess-1.0-SNAPSHOT.jar 的可执行文件。将 houseprocess-1.0-SNAPSHOT.jar 提交至虚拟机 Linux 下的/opt/jar 目录中,并使用 YARN Client 模式运行。提交作业的命令如下所示:

```
./bin/spark-submit  \
--class cn.sparksql.process.OnSaleSparkProcess  \
--master yarn  \
--deploy-mode client \
--driver-memory 4G \
--executor-memory 3G \
/opt/jar/houseprocess-1.0-SNAPSHOT.jar   \
/housedata/onSaleHouse.csv
```

完成作业后,区域性房屋交易的不同维度数据分析结果将被写入安装在虚拟机中的 MySQL 的 housedb 数据库中。

3. 数据分析结果可视化展示

将数据分析可视化展示模块 houseweb 进行编译,并打包成名为 houseweb-1.0-SNAPSHOT.war 的 war 包。然后将 war 包复制到虚拟机 Tomcat 安装目录下的 webapps 文件夹中,当 Tomcat 服务器启动后,houseweb-1.0-SNAPSHOT.war 会自动解压为 houseweb-1.0-SNAPSHOT 文件夹。然后,将该文件夹重命名为 houseweb,如图 4-12 所示。最后,在浏览器中输入不同的访问地址即可看到不同维度分析结果的可视化展示。

名称	大小	类型
..		
docs		文件夹
examples		文件夹
host-manager		文件夹
houseweb		文件夹
manager		文件夹
ROOT		文件夹

图 4-12　houseweb 可视化展示解压后的文件夹

本 章 小 结

本章主要介绍了采用 Spark SQL 实现数据挖掘分析的关键技术以及对区域性房屋交易的分析流程。通过对在售房源数量、房屋交易源总价与成交时间等不同维度的分析，可以获得关于房屋市场供需情况，价格趋势以及不同区域、类型房屋特点的信息。这些信息可以为购房者和房地产行业从业人员提供决策支持。

本 章 练 习

1. 选择题

（1）以下关于 Spark SQL 描述正确的是（　　）。

  A. Spark SQL 是用于在 Spark 中处理结构化数据的模块，它提供了一种类似于 SQL 的查询语言

  B. Spark SQL 可以提供 DataFrame API，可以对内部和外部数据源执行各种关系操作

  C. 可以支持大量的数据源和数据分析算法，Spark SQL 和 Spark MLIB 的组合使用可以融合传统关系型数据库的结构化数据管理能力和机器学习算法的数据处理能力

  D. Spark SQL 无法对各种不同的数据源进行整合

（2）下面哪个选项用于将 DataFrame 注册为临时表？（　　）

  A. registerTempTable()　　　　　　B. createOrReplaceTempView()

  C. createTempTable()　　　　　　　D. defineTempTable()

（3）下面哪个选项用于将两个 DataFrame 进行连接操作？（　　）

  A. union()　　　　　　　　　　　　B. intersect()

  C. join()　　　　　　　　　　　　　D. subtract()

（4）读取 music.csv 文件生成 DataFrame 对象，下列哪个选项是正确的？（　　）

  A. spark.read.csv("music.csv")

  B. spark.read.parquet("music.csv")

  C. spark.read.format("json").load("music.csv")

  D. spark.read.format("csv").load("music.csv")

（5）如何查看 DataFrame 对象 df 的前 15 条记录？（　　）

  A. df.show()　　　　　　　　　　　B. df.collect()

  C. df.show(false)　　　　　　　　　D. df.show(15)

2. 编程题

结合本章区域性房屋交易的已售、在售以及不同商圈的房源数据集，编程实现以下 5 个小题。

（1）在售房源房屋交易总价均价排行 Top20 的小区统计分析。

（2）不同商圈内已售房源销售数量的统计分析。

（3）已售房源月销量走势统计分析。

（4）在售房源不同地区不同年份销售总价的均价统计分析。

（5）分析已售房源中房屋销售面积与销售总价两者之间的相关性。

第 4 章答案

第**5**章

基于数据挖掘的气象分析

5.1 项 目 背 景

气候变化是人类面临的共同挑战，而人类在生产生活中的碳排放是形成温室效应的重要原因。为此多国都在积极采取措施，加大温室气体排放的控制力度和监测能力，应用多种技术手段增强应对气候变化的能力，提升应对气候变化的支撑水平。

近年来，随着全球数字与网络技术普遍性、深层次地应用，物联网技术、大数据、人工智能及通信技术能力的快速提升，通过对全球气象部门记录下来的海量气温数据进行挖掘计算，获得全球气候变化的基本规律，找到影响气候变化的重要因素，制定科学的应对方案。

5.2 分 析 任 务

本案例的任务是采用 Spark SQL 实现如下两方面：对存储在 HBase 数据库中的全球每年度陆地平均地表温度的分析，了解全球气温随时间的变化趋势；通过对我国不同城市、不同季度的平均地表温度的分析，并结合国家、城市维度的气温数据，利用机器学习算法 Spark MLlib 预测未来的天气。这有助于提前做好应对措施，减少极端气候事件对人类和环境的影响。

5.3 技 术 准 备

第 5 章案例代码

5.3.1 实验环境

本项目所需的软件环境及版本如下所述。

（1）操作系统：Windows 10、Windows 11、macOS、Ubuntu、CentOS 等；

（2）开发工具：IDEA IntelliJ；

（3）大数据开发平台：Hadoop（3.1.2 及以上版本）；

（4）分布式协调服务：ZooKeeper（3.4.5 版本）；

（5）NoSQL 数据库：HBase（2.5.5 版本）；

（6）分布式计算框架：Spark（3.0.0 及以上版本）；

（7）Web 服务器：Tomcat；

（8）J2EE 企业级框架：Spring Boot（2.0.4 及以上版本）、MyBatis；

（9）关系型数据库：MySQL（8.0 版本）。

5.3.2　HBase

HBase（Hadoop DataBase）是一个高可靠性、高性能、面向列、可伸缩、实时读写的分布式存储系统，利用 HBase 技术可在廉价 PC Server 上搭建大规模结构化存储集群。

HBase 非关系型数据库的设计目标是存储并处理大量的数据，简单来说就是使用普通的硬件配置，就能处理成千上万行和列所组成的大型数据，HBase 主要用来存储非结构化和半结构化的松散数据。HBase 具有较好的随机查询和范围查询能力，以及高吞吐和低延时的能力，可存储海量的数据。

HBase 是 Google Bigtable 的开源实现，但是也有许多不同之处。

（1）Google Bigtable 利用 GSF 作为其文件的存储系统，HBase 则是利用 Hadoop HDFS 作为文件存储系统。

（2）Google 运行 MapReduce 来处理 Bigtable 中的海量数据，HBase 同样利用 Hadoop MapReduce 处理 HBase 中的海量数据。

（3）Google Bigtable 利用 Chubby 作为协同服务，HBase 利用 ZooKeeper 作为其分布协调服务。

HBase 是一个在线的数据存储库，它是基于 Hadoop 的分布式数据库，专为处理大规模数据集设计的。然而，由于数据存储和查询方式的特殊性，HBase 在数据的实时分析和机器学习方面存在一些限制和欠缺。为了解决 HBase 所存在的欠缺，可以采用与 Spark 框架的融合，这样不仅克服了 HBase 在实时分析和机器学习方面的限制，而且提供了更强大的分析能力和灵活性。

1. HBase 集群安装

在安装 HBase 之前，需要先安装 ZooKeeper。这是因为 HBase 使用 ZooKeeper 进行分布式协调和元数据管理。ZooKeeper 是一个开源的分布式协调服务，在 HBase 中扮演着重要的角色。ZooKeeper 和 HBase 的安装包可以从本书配套源码第 5 章的工具包中下载。

1）ZooKeeper 环境安装

（1）将 zookeeper-3.4.5.tgz 安装包上传至 node01 节点虚拟机的/opt/software 目录下，并使用以下命令解压到/usr/local 目录中。

```
[root@node01 opt]# tar -zxvf /opt/software/zookeeper-3.4.5.tgz -C /usr/local/
```

（2）解压完成后，可以使用如下命令将解压得到的文件夹重命名为 zookeepr。

```
[root@node01 local]# mv zookeeper-3.4.5 /usr/local/zookeeper
```

（3）进入 ZooKeeper 的解压目录，在 conf 目录下复制一份 zoo_sample.cfg 文件，并将其重命名为 zoo.cfg。可以参考如下设置修改 zoo.cfg 文件。

```
#指定 ZooKeeper 存储数据的目录
dataDir=/usr/local/zookeeper/data
#指定客户端连接的端口号，默认为 2181
clientPort=2181
#设置服务器内部通信地址和ZooKeeper集群节点（server.x：指定集群中各个节点的IP地址和端口号）
server.1=node01:2888:3888
server.2=node02:2888:3888
server.3=node03:2888:3888
```

（4）在/usr/local/zookeeper 目录下新建 data 目录。

```
[root@node01 zookeeper]# mkdir data
```

（5）在/usr/local/zookeeper/data 目录下新建一个名为 myid 的文件，添加一个数字作为本地的 ID，node01 添加 1，node02 添加 2，node03 添加 3。

（6）添加 ZooKeeper 环境变量配置。

```
[root@node01 ~]# vim /etc/profile
#配置ZooKeeper环境变量
export ZOOKEEPER_HOME=/usr/local/zookeeper
export PATH=$PATH:$ZOOKEEPER_HOME
#环境变量生效
[root@node01 ~]# source /etc/profile
```

在 Hadoop 集群的每个节点上，都要执行 ZooKeeper 环境变量的配置。配置完成后，在每个节点上启动 ZooKeeper 服务。

```
#启动ZooKeeper服务
[root@node01 bin]# zkServer.sh start
#查看ZooKeeper启动状态
[root@node01 bin]# zkServer.sh status
#停止ZooKeeper服务
[root@node01 bin]# zkServer.sh stop
```

2）HBase 环境安装

（1）将 hbase-2.5.5-bin.tar.gz 安装包上传至 Hadoop 集群的 node01 节点的/opt/software 目录下，并使用以下命令解压到/usr/local 目录中。

```
[root@node01 opt]# tar   -zxvf   /opt/software/hbase-2.5.5-bin.tar.gz   -C   /usr/local/
```

（2）解压完成后，将解压得到的文件夹重命名为 hbase。

```
[root@node01 local]# mv   hbase-2.5.5-bin   /usr/local/hbase
```

（3）打开/usr/local/hbase/conf 目录，编辑 hbase-site.xml 文件，添加如下配置信息。

```
<configuration>
    <property>
        <name>hbase.rootdir</name>
        <value>hdfs://<namenode>:<port>/hbase</value>
    </property>
    <property>
        <name>hbase.cluster.distributed</name>
        <value>true</value>
    </property>
    <property>
        <name>hbase.zookeeper.quorum</name>
        <value><zookeeper_quorum></value>
    </property>
    <property>
        <name>hbase.zookeeper.property.clientPort</name>
        <value><zookeeper_client_port></value>
    </property>
</configuration>
```

说明：① 将<namenode> 替换为 Hadoop 集群中的 NameNode 主机名或 IP 地址。

② 将<port> 替换为 Hadoop 集群中的 NameNode 端口号。

③ 将<zookeeper_quorum> 替换为 Hadoop 集群中的 ZooKeeper 节点主机名或 IP 地址。

④ 将<zookeeper_client_port> 替换为 Hadoop 集群中的 ZooKeeper 客户端的端口号。

（4）配置 HBase 环境变量。打开/usr/local/hbase/conf 目录，编辑 hbase-env.sh 文件，在文件末尾添加如下内容：

```
export JAVA_HOME=<java_home_directory>
export HBASE_MANAGES_ZK=false
export HADOOP_HOME=<hadoop_home_directory>
```

说明：① 将<java_home_directory> 替换为 Java 的安装路径。

② 将 HBASE_MANAGES_ZK 设置为 false，表示使用独立的 ZooKeeper 实例，而不是 HBase 自带的 ZooKeeper。

③ 将<hadoop_home_directory>替换为 Hadoop 的安装路径，HBase 在与 Hadoop 进行交互时需要访问 Hadoop 的相关文件和库，通过设置 HADOOP_HOME 变量，HBase 就能找到并使用 Hadoop 的相关资源。

（5）在 HBase 中添加 Hadoop 的配置文件，打开/usr/local/hbase/conf 目录，执行如下命令：

```
[root@node01 conf]# cp /usr/local/hadoop/etc/hadoop/core-site.xml core-site.xml
[root@node01 conf]# cp /usr/local/hadoop/etc/hadoop/hdfs-site.xml hdfs-site.xml
```

（6）配置 HBase 环境变量，命令如下：

```
[root@node01  ~]# vim /etc/profile
#配置HBase环境变量
export HBASE_HOME=/usr/local/hbase
export PATH=$PATH:$HBASE_HOME
#环境变量生效
[root@node01 ~]# source /etc/profile
```

（7）进入 Hadoop 集群 node01 节点上的 HBase 安装目录，将 HBase 目录复制到其他 Hadoop 集群的节点上，命令如下所示：

```
[root@node01 local]# scp   -r   hbase root@node02:/usr/local
[root@node01 local]# scp   -r   hbase root@node03:/usr/local
```

对 Hadoop 集群的每个节点重复执行以上步骤（3）～步骤（6），以确保 HBase 的配置与当前节点安装的环境一致。

（8）启动 HBase 服务，在启动 HBase 之前先要启动 Hadoop 和 ZooKeeper，命令如下：

```
[root@node01 bin]# jps
6848 Jps
5761 NodeManager
5044 NameNode
5622 ResourceManager
6825 QuorumPeerMain
5183 DataNode
[root@node02 bin]# jps
4978 NodeManager
5558 QuorumPeerMain
5590 Jps
4811 DataNode
[root@node03 bin]# jps
4951 NodeManager
5560 Jps
5534 QuorumPeerMain
4783 DataNode
//启动HBase服务的命令
[root@node01 bin]# start-hbase.sh
[root@node01 bin]# jps
7328 HRegionServer
5761 NodeManager
5044 NameNode
7156 HMaster
5622 ResourceManager
6825 QuorumPeerMain
7465 Jps
5183 DataNode
[root@node02 bin]# jps
5856 HMaster
4978 NodeManager
```

```
5558 QuorumPeerMain
6022 Jps
4811 DataNode
5756 HRegionServer
[root@node03 bin]# jps
4951 NodeManager
5560 Jps
5534 QuorumPeerMain
4783 DataNode
[root@node03 bin]# jps
4951 NodeManager
5847 Jps
5708 HRegionServer
5534 QuorumPeerMain
4783 DataNode
```

📖 说明：① QuorumPeerMain 是 Apache ZooKeeper 的主进程。

② HMaster 是 Apache HBase 的主进程。

③ HRegionServer 负责管理和维护多个区域，包括存储数据、处理读写请求、执行数据的分布和复制等任务。

2. HBase 的 Shell 操作

HBase 的 Shell 操作要启动 HBase 客户端，在终端输入如下命令：

```
[root@node01 bin]# hbase shell
```

【例 5-1】在 HBase 中创建一个 user 用户表。

```
hbase(main):016:0> create 'user' , 'info'
Took 0.0072 seconds
```

【例 5-2】给 user 用户表添加数据。

```
hbase(main):017:0> put 'user','101','info:name','wangfei'
Took 3.7301 seconds
hbase(main):018:0> put 'user','101','info:age','18'
Took 0.0062 seconds
hbase(main):019:0> put 'user','102','info:name','zhangxiaoquan'
Took 0.0060 seconds
hbase(main):020:0> put 'user','102','info:age','17'
Took 0.0976 seconds
hbase(main):021:0> put 'user','103','info:name','wangxiaoming'
Took 0.0046 seconds
hbase(main):022:0> put 'user','103','info:age','18'
```

【例 5-3】查看 user 用户表数据。

```
hbase(main):024:0> scan 'user'
ROW            COLUMN+CELL
```

101	column=info:age, timestamp=1671734570682, value=18
101	column=info:name, timestamp=1671734543946, value=wangfei
102	column=info:age, timestamp=1671734601455, value=17
102	column=info:name, timestamp=1671734589748, value=zhangxiaoquan
103	column=info:age, timestamp=1671734633328, value=18;\x0A
103	column=info:name, timestamp=1671734616265, value=wangxiaoming

Took 0.0115 seconds

【例 5-4】删除 user 用户表。

```
#首先要让该表处于disable状态
hbase(main):026:0>disable   'user'
#然后使用drop方法删除这个表
hbase(main):026:0>drop   'user'
```

注意：要删除某个表，必须先禁用该表。

3. 编程实现 HBase 数据表操作

【例 5-5】编程实现对 HBase 中的 user 数据表进行的添加、修改、查询和删除操作，过程如下。

（1）创建 Maven 项目。通过 IDEA 创建一个名为 hbaseproject 的 Maven 项目，修改项目中的 pom.xml 文件，添加 HBase 核心依赖包。

```xml
<properties>
    <spark.version>2.3.0</spark.version>
    <scala.version>2.12</scala.version>
    <hbase.version>2.2.5</hbase.version>
    <hadoop.version>3.1.2</hadoop.version>
    <zookeeper.version>3.4.5</zookeeper.version>
</properties>
<dependencies>
    <dependency>
    <groupId>org.apache.hadoop</groupId>
    <artifactId>hadoop-common</artifactId>
    <version>${hadoop.version}</version>
    </dependency>
    <dependency>
    <groupId>org.apache.hbase</groupId>
    <artifactId>hbase-client</artifactId>
    <version>${hbase.version}</version>
    </dependency>
    <dependency>
    <groupId>org.apache.zookeeper</groupId>
    <artifactId>zookeeper</artifactId>
    <version>${zookeeper.version}</version>
    </dependency>
    <dependency>
        <groupId>org.apache.hbase</groupId>
```

```
      <artifactId>hbase-mapreduce</artifactId>
      <version>2.1.4</version>
    </dependency>
  </dependencies>
```

（2）在 hbaseproject 项目的 com.software.hbase 包中创建一个名为 HBaseScanUser 的伴生对象，实现对 user 表的查询操作。

```
import org.apache.hadoop.hbase.{CellUtil, HBaseConfiguration, HConstants}
import org.apache.hadoop.hbase.client._
import org.apache.hadoop.hbase.io.ImmutableBytesWritable
import org.apache.hadoop.hbase.mapreduce.TableInputFormat
import org.apache.spark.sql.SparkSession

object HBaseScanUser {
    def main(args: Array[String]): Unit = {
        //创建SparkSession对象，构建Spark应用程序
        val session: SparkSession = SparkSession.builder().master("local[*]"). appName("HBaseScala").
getOrCreate()
        //创建HBase配置对象
        val conf = HBaseConfiguration.create
        //设置ZooKeeper集群地址  conf.set(HConstants.ZOOKEEPER_QUORUM,"node01:2181,node02:
2181,node03:2181")
        conf.set(TableInputFormat.INPUT_TABLE,"user")
        //调用Spark的newAPIHADOOPRDD方法从HBase中读取数据，并转换为RDD
        // TableInputFormat指定了HBase中表的输入格式
        // ImmutableBytesWritable表示行键
        // Result表示返回结果
        val rdd = session.sparkContext.newAPIHadoopRDD(
          conf,
          classOf[TableInputFormat],
          classOf[ImmutableBytesWritable],
          classOf[Result]
        )
        //使用rdd.foreach遍历RDD中的每条数据，其中每条数据由行键和列族、列、值组成
        rdd.foreach{
          case (_,res)=>
            for(cell <- res.rawCells()){
              println("RowKey:" + new String(CellUtil.cloneRow(cell)) + ",")
              println("时间戳:"   + cell.getTimestamp() + ", ")
              println("列名:" + new String(CellUtil.cloneQualifier(cell)) + ", ")
              println("值: " + new String(CellUtil.cloneValue(cell)))
            }
        }
    }
}
```

运行代码，在控制台中输出如下结果：

```
RowKey:101,
```

```
时间戳:1671734570682,
列名: age,
值: 18
RowKey:101,
时间戳:1671734543946,
列名: name,
值: wangfei
RowKey:102,
时间戳:1671734601455,
列名: age,
值: 17
RowKey:102,
时间戳:1671734589748,
列名: name,
值: zhangxiaoquan
RowKey:103,
时间戳:1671734633328,
列名: age,
值: 18;
RowKey:103,
时间戳:1671734616265,
列名: name,
值: wangxiaoming
```

（3）在 hbaseproject 项目的 com.software.hbase 包中创建一个名为 HBaseAddUser 的伴生对象，实现对 user 表的插入操作。

```scala
object HBaseAddUser {
    def main(args: Array[String]): Unit = {
        //创建一个SarkConf对象，设置应用程序的名称为HBaseAddUser
        val sparkConf = new SparkConf().setAppName("HBaseAddUser")
        //创建HBase的配置对象，并通过conf.set方法设置ZooKeeper的相关属性
        val conf = HBaseConfiguration.create
        conf.set("hbase.zookeeper.property.clientPort", "2181");
        conf.set("hbase.zookeeper.quorum","node01: 2181,node02:2181,node03:2181");
        //创建TableName对象，表示要操作的HBase表名为user
        val tableName:TableName =TableName.valueOf("user")
        //创建HBase的Connection对象，作为与HBase进行交互的入口点
        val connection= ConnectionFactory.createConnection(conf)
        //调用insertSingle()方法添加数据
        insertSingle(connection,tableName)
    }
    def insertSingle(connection: Connection,tableName: TableName): Unit = {
        //通过Connection对象获取要操作的HBase表实例
        val table = connection.getTable(tableName)
        //创建一个Put对象,用于指定要插入的行键和列族、列、值
        val put = new Put(Bytes.toBytes("1004"))
        //通过put.addColumn方法指定要插入的列族、列和对应的值
        put.addColumn(Bytes.toBytes("info"), Bytes.toBytes("name"), Bytes.toBytes("wangxiaoming"))
        put.addColumn(Bytes.toBytes("info"), Bytes.toBytes("age"), Bytes.toBytes("18"))
```

```
            //调用表的put()方法，将Put对象插入HBase表中
            table.put(put)
            //关闭表实例
            table.close()
        }
```

运行代码，查看 HBase 数据库中的 user 表信息，发现成功添加了一条记录。

（4）在 hbaseproject 项目的 com.software.hbase 包中创建一个名为 HBaseDelUser 的伴生对象，实现对 user 表的删除操作。

```
object HBaseDelUser {
    def main(args: Array[String]): Unit = {
        val conf = HBaseConfiguration.create
        val tableName:TableName =TableName.valueOf("user")
        conf.set("hbase.zookeeper.property.clientPort",                          "2181");
conf.set("hbase.zookeeper.quorum","node01:2181,node02:2181,node03:2181");
        val connection= ConnectionFactory.createConnection(conf)
        deleteRow(connection ,tableName)
}
//删除记录
def deleteRow(connection:Connection,tableName: TableName)={
    val table = connection.getTable(tableName)
    //创建一个Delete对象，用于指定要删除的行键和列族、列
    val info = new Delete(Bytes.toBytes("1004"))
    info.addColumn("info".getBytes(),"name".getBytes())
    info.addColumn("info".getBytes(),"age".getBytes())
     //调用Table对象的delete()方法，执行删除操作
    table.delete(info)
    }
```

运行代码后，查看 HBase 数据库中的 user 表信息，RowKey 为 1004 的记录已被删除。

5.3.3 Spark MLlib 机器学习

1. 机器学习

机器学习（machine learning，ML）是一门多领域的交叉学科，涉及概率论、统计学、逼近论、算法复杂度理论等多门学科。机器学习的核心目标是通过对大量现有数据进行分析和学习，机器学习算法可以发现数据中的模式、规律和关联，并基于这些发现做出预测、决策或执行特定任务，让计算机具备从经验中自动学习和改进的能力，而无须显式地进行编程。

机器学习是一种人工智能（artificial intelligence，简称 AI）的分支，研究如何通过计算机系统利用数据和经验来提高其性能。目前，它在许多领域都有着广泛的应用，如自然语言处理、图像识别、智能推荐、金融风控、医疗诊断、统计学习等，如图 5-1 所示。通过机器学习，计算机可以从海量的数据中提取有价值的信息，并应用于实际问题的解决和决策制定。

图 5-1 机器学习典型应用领域

2. 机器学习分类

在机器学习中，常见的分类方式包括监督学习、无监督学习和半监督学习。

1）监督学习（supervised learning）

监督学习基本上是分类的同义词。学习中的监督来自训练数据集中标记的示例。例如，垃圾邮件的识别问题，通过对已标记为垃圾邮件和非垃圾邮件的训练样本进行学习，可以构建一个监督分类模型，用于自动识别未知邮件的类别。

监督学习流程如图 5-2 所示，从图中可以看出，经过数据预处理后，数据被分为两部分：一部分是测试集；另一部分是训练集。通过学习算法，可以由训练集得到所需的模型，再通过测试集进行验证，最后根据验证结果分析调优，完善优化数据模型。

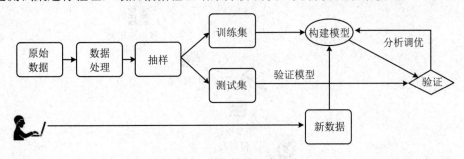

图 5-2 监督学习流程

2）无监督学习（unsupervised learning）

无监督学习本质上是聚类的同义词。学习过程是无监督的，因为没有实例类的标记。典型应用就是使用聚类发现数据中的类。例如，假设有一组顾客的购买行为数据，但并不知道他们的具体类别。使用聚类算法，就可以发现隐藏在数据中的群组结构，如将顾客分为"高消费者""低消费者""潜在买家"等。无监督学习的流程如图 5-3 所示。在无监督学习过程中，通常使用聚类技术，基于某些相似性度量来对未标记样本进行分组。聚类是智能地对数据集中的元素进行分类的过程。总体思路是同一类中的两个元素比属于不同类中的元素彼此更为"接近"。

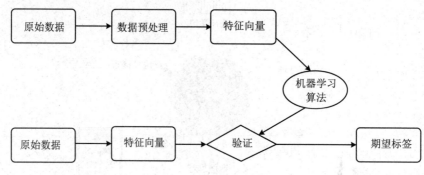

图 5-3 无监督学习流程

3）半监督学习（semi-supervised learning）

半监督学习是一类机器学习技术，在学习模型时，它使用标记的和未标记的实例。例如，假设有 1000 篇新闻文章，其中只有 100 篇标记为具体的类别，如体育、娱乐、科技等，而其他 900 篇没有标签。在采用半监督的学习过程中，首先使用有标签数据训练一个初始分类器，然后使用这个分类器对无标签数据进行预测，并将预测结果置为伪标签。接着，将这些伪标签数据与有标签数据合并，重新训练分类器。迭代重复这个过程直到收敛或达到预定的迭代次数。

3. 机器学习流程

机器学习流程通常包括以下 5 个关键步骤：数据采集、数据预处理、模型构建和训练、模型评估、模型应用和预测。机器学习流程如图 5-4 所示。

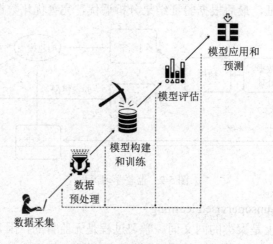

图 5-4 机器学习流程

（1）数据采集：获取并加载用于训练和测试的样本数据。

（2）数据预处理：清洗、处理噪声、处理缺失值、处理异常值，进行特征选择和转换。

（3）模型构建和训练：选择算法，使用训练数据构建和训练模型。

（4）模型评估：使用测试数据集来评估模型的性能和泛化能力。常见的评估指标包括准确率、精确率、召回率、F1 值等。通过评估结果，可以对模型进行优化、调整或选择不同的算法和参数。

（5）模型应用和预测：当模型经过评估并满足要求后，可以将其应用于预测或分类的实际问题中。

4. Spark MLlib

Spark MLlib 是 Apache Spark 的机器学习库（machine learning library），它提供了一套丰富的机器学习算法和工具，以及底层的优化原语和高层的管道 API。Spark MLlib 用于在分布式计算环境下进行大规模数据集的机器学习任务。

Spark MLlib 包括以下主要组件。

（1）通用学习算法：MLlib 提供了包括线性回归、逻辑回归、决策树、随机森林、梯度提升树等在内的多种监督学习和无监督学习算法。这些算法可用于分类、回归、聚类、推荐等不同类型的任务。

（2）特征提取和转换：MLlib 提供了一些特征提取和转换工具，可以帮助用户从原始数据中提取有用的特征并对其进行转换。这些工具包括向量化、标准化、索引化、独热编码、文本处理等功能，可用于预处理数据以供后续建模使用。

（3）模型评估和选择：MLlib 提供了一些评估指标和交叉验证的功能，可以帮助用户评估和选择模型。用户可以使用这些指标来衡量模型的性能和泛化能力，并通过交叉验证来调整和比较不同的模型。

（4）数据管道：MLlib 提供了一种称为数据管道（pipeline）的高层次 API，可用于构建和管理机器学习工作流。通过将数据处理、特征提取、模型训练等步骤组合在一起，并自动化处理转换和并行化计算，可以更方便地构建和部署复杂的机器学习流程。

（5）底层优化原语：MLlib 还提供了一些底层的优化原语，包括分布式矩阵计算、随机梯度下降、L-BFGS（limited-memory Broyden-Fletcher-Goldfarb-Shanno）优化、并行化计算等，以支持大规模数据和高效的分布式计算。

从 Spark 1.2 版本开始，Spark 的机器学习库被分为两个包：spark.mllib 和 spark.ml。spark.mllib 包含基于 RDD（弹性分布式数据集）的原始算法 API。在 1.0 版本之前，MLlib 就已经存在，并且提供了一系列基于 RDD 的机器学习算法实现。spark.ml 则提供了基于 DataFrames 的高层次 API，用于构建机器学习工作流（pipeline）。ML Pipeline 填补了原始 MLlib 库的不足之处，为用户提供了一个基于 DataFrame 的机器学习工作流 API 套件。

官方推荐使用 spark.ml，需要注意的是，从 Spark 2.0 版本开始，基于 RDD 的 API 进入了维护模式，即不再增加新特性，并计划在 3.0 版本中将其移出 MLlib。因此，开发者应该尽可能使用 spark.ml 包中的功能和 API，可以方便地将数据处理、特征转换、正则化以及多个机器学习算法组合起来，构建一个完整的机器学习流水线。这种方式更加灵活，符合机器学习过程的特点，也更容易从其他语言迁移。

总之，Spark MLlib 提供了一套功能丰富且灵活的工具和算法，可以方便地进行机器学习任务的开发和实施，并支持大规模数据和分布式计算。无论是在小规模数据集上进行快速原型开发，还是在大规模数据集上进行高效计算，MLlib 都是一个强大而有用的机器学习库。

5.4　任务实现

5.4.1　数据源导入 HBase

该案例使用了从 Kaggle 网站获取的全球不同国家的陆地平均气温数据集，数据集包含了从 1743 年到 2013 年的全球各个国家和城市陆地平均温度。数据源包括两个文件：countryTemperatures.csv 和 stateTemperatures.csv。

（1）countryTemperatures.csv 文件中主要包含日期、大陆平均气温、大陆平均气温在置信水平 0.95 上的置信区间、国家等字段，如表 5-1 所示。

表 5-1　全球各个国家每月大陆平均气温数据结构

序　号	字　段　名	字　段　说　明	备　注
1	dt	日期	
2	AverageTemperature	大陆平均气温	摄氏度
3	AverageTemperatureUncertainty	大陆平均气温在置信水平 0.95 上的置信区间	
4	Country	国家	

（2）stateTemperatures.csv 文件中主要包含日期、大陆平均气温、大陆平均气温在置信水平 0.95 上的置信区间、城市（州）、国家等字段，如表 5-2 所示。

表 5-2　全球各个国家不同城市每月大陆平均气温数据结构

序　号	字　段　名	字　段　说　明	备　注
1	dt	日期	
2	AverageTemperature	大陆平均气温	摄氏度
3	AverageTemperatureUncertainty	大陆平均气温在置信水平 0.95 上的置信区间	
4	Country	国家	
5	City	城市	

将全球不同国家的陆地平均气温数据集导入 HBase 数据库的步骤如下。

步骤 1：启动 Hadoop 集群。

启动 Hadoop、ZooKeeper、HBase 等服务，服务启动成功后，查看 Hadoop 集群上不同节点的进程，如图 5-5 所示。

步骤 2：将数据集上传至 HDFS。

将 countryTemperatures.csv 和 stateTemperatures.csv 两个文件上传至 HDFS，命令如下：

```
[root@node01 bin]# jpscall.sh
============== node01 ==============
15041 DataNode
15417 ResourceManager
23771 HRegionServer
24283 Jps
23596 HMaster
14893 NameNode
15567 NodeManager
16351 QuorumPeerMain
============== node02 ==============
2144 QuorumPeerMain
6176 Jps
1706 DataNode
5567 HMaster
============== node03 ==============
1744 DataNode
5600 HMaster
6065 Jps
2197 QuorumPeerMain
```

图 5-5　大数据集群服务进程

```
[root@node01  ～]# start-all.sh
[root@node01  ～]# hdfs dfs -mkdir /weatherdata
[root@node01  ～]# hdfs dfs -put /opt/data/countryTemperatures.csv /weatherdata
[root@node01  ～]# hdfs dfs -put /opt/data/stateTemperatures.csv /weatherdata
```

数据集上传至 HDFS 后，在浏览器中输入地址：http://192.168.198.101:50070/explorer. html#/weatherdata，查看已上传至 HDFS 的数据集，如图 5-6 所示。

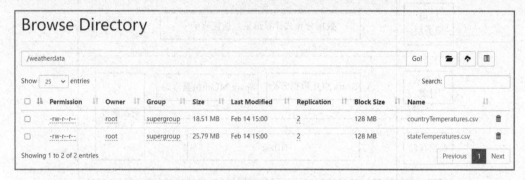

图 5-6　将全球不同国家和城市的陆地平均气温数据集上传至 HDFS

步骤 3：在 HBase 数据库中创建数据表。

在 HBase 中创建两张表，第一张表名为 countryTemperatures，列族为 info；第二张表名为 stateTemperatures，列族为 info。创建表的命令如下：

```
hbase(main):015:0> create 'countryTemperatures','info'
Created table countryTemperatures
Took 1.8550 seconds
=> Hbase::Table - countryTemperatures
hbase(main):016:0> create 'stateTemperatures','info'
Created table stateTemperatures
Took 1.3345 seconds
    => Hbase::Table – stateTemperatures
```

步骤 4：导入文件。

将 csv 文件上传至 HBase 的格式如下：

```
hbase [类] [行分隔符] [行键, 列表] [表] [导入文件]
```

把 countryTemperatures.csv 和 stateTemperatures.csv 两个文件导入 HBase 的 country-Temperatures 和 stateTemperatures 表中，命令如下：

```
[root@node01 bin]# hbase   org.apache.hadoop.hbase.mapreduce.ImportTsv
-Dimporttsv.separator="," -Dimporttsv.columns=HBASE_ROW_KEY,info:dt,
info:AverageTemperature,info:AverageTemperatureUncertainty,
info:Country countryTemperatures /weatherdata/countryTemperatures.csv
[root@node01 bin]# hbase   org.apache.hadoop.hbase.mapreduce.ImportTsv
-Dimporttsv.separator="," -Dimporttsv.columns=HBASE_ROW_KEY,info:dt,
info:AverageTemperature,info:AverageTemperatureUncertainty,info:State,
info:Country stateTemperatures /weatherdata/stateTemperatures.csv
```

5.4.2 架构设计

基于数据挖掘的气象分析架构设计包括 5 个主要层次：数据采集、数据预处理、数据存储、分布式计算、应用服务层，如图 5-7 所示。

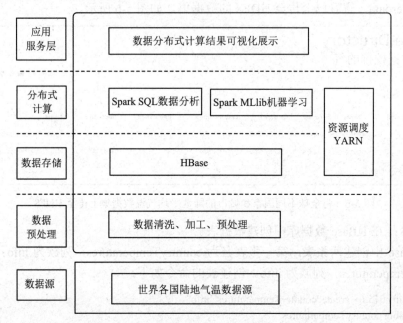

图 5-7 基于数据挖掘的气象数据分析系统架构

1. 数据采集

本案例的数据源来自 Kaggle 网站，获取的是从 1743 年到 2013 年的全球各个国家和城市不同月份的陆地平均气温。

2. 数据预处理

对原始数据进行预处理和清洗：去除重复数据，即删除重复的行或记录，确保数据的唯一性；处理缺失数据，可以选择填充缺失值、删除缺失数据行，或通过插值等方法进行恢复；检测和处理异常值，以减少对后续分析的影响。

3. 数据存储

将数据源导入 HBase 数据库，可以为系统提供更好的数据存储和处理能力，从而支持更高效、更灵活的数据挖掘和分析任务。

4. 分布式计算

分布式计算主要用于实现对历史数据的分析以及未来气温的预测。分布式计算的优势在于能够处理大规模的数据，通过并行计算和分布式存储，提供高效的数据分析能力。

5. 应用服务层

应用服务层主要展示不同国家和城市不同年份陆地平均气温的分析结果，并通过不同类型的图表直观明了地展示，帮助用户更好地理解和利用分析结果，为决策制定和研究提供有力的支持。

5.4.3　设计思路

基于数据挖掘的气象分析系统设计流程如图 5-8 所示，实现思路如下所示。

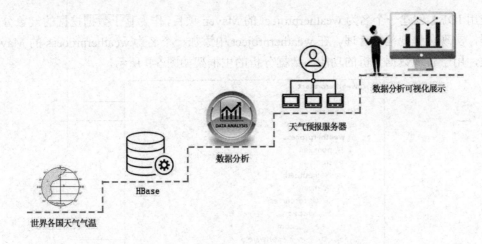

图 5-8　基于数据挖掘的气象分析系统设计流程

（1）数据清洗：在导入 HBase 之前，对原始数据进行预处理和清洗。包括去除重复数据；处理缺失数据；检测和处理异常值。

（2）数据转换：根据需要将数据进行格式转换，以适应 HBase 的数据模型和存储要求。

（3）导入 HBase：将清洗处理后的数据导入 HBase 数据库。

（4）数据分析：采用 Spark SQL 实现 2008—2012 年全球的平均地表温度统计、中国每年每季度的气温平均值统计、中国不同省份不同季度的平均气温统计等多个不同维度的分析。

（5）分析结果可视化展示：创建 Web 项目，并引入 Echarts 库，将分析结果进行可视化展示。通过图表、地图等可视化方式，直观地呈现气温的变化趋势和空间分布。用户可以通过交互操作，选择不同的区域和时间范围来观察数据。

（6）气温预测：通过 Spark MLlib 中的机器学习算法实现气温预测。

5.4.4　数据分析

为了满足应对气候变化和天气预报的需求，需要对不同国家、不同地区、不同年份的陆地气温进行多维度分析，考虑到气温具有季节性，可以采用同比和环比分析方法。同比就是今年第 *N* 月与去年第 *N* 月相比，用以说明本季度气温与往年季度的气温相比增加或减少的比例，同比发展速度主要是为了实现同一季节性的温度对比，消除季节变动的影响；环比就是报告期与前一统计时间段比较。

基于数据挖掘的气象分析案例主要实现的是 2008—2012 年全球的平均地表温度统计分析、我国每年不同季度的气温平均值统计分析、我国不同省份不同季度的平均气温分析等。

基于数据挖掘的气象分析的实现采用 IDEA 作为开发环境，Maven 作为项目构建和管理工具，以便规范化地进行项目的管理。

1. 创建 Maven 项目

使用 IDEA 创建一个名为 weatherproject 的 Maven 项目，作为基于数据挖掘的气象分析父工程，实现项目规范化管理。在 weatherproject 中添加一个名为 weatherprocess 的 Maven 子模块，用于实现数据分析的功能。数据分析的主框架如图 5-9 所示。

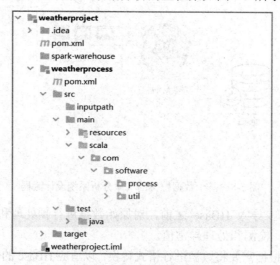

图 5-9　数据分析的主框架

2. 添加项目依赖

weatherprocess 模块的主要目标是实现全球不同国家和地区不同年份陆地平均气温的数据分析，采用了基于 Spark SQL 的 HBase 数据访问，将分析后的结果写入 MySQL 数据库。因此，通过修改 weatherproject/weatherprocess 目录下的 pom.xml 文件，添加 Spark Core、Spark SQL、Hadoop、HBase 等相关依赖包。

```
<properties>
    <scala.version>2.12</scala.version>
    <spark.version>3.0.0</spark.version>
    <hbase.version>2.2.5</hbase.version>
    <hadoop.version>3.1.2</hadoop.version>
    <zookeeper.version>3.4.5</zookeeper.version>
</properties>
<dependencies>
```

```xml
    <dependency>
        <groupId>org.apache.spark</groupId>
        <artifactId>spark-core_${scala.version}</artifactId>
        <version>${spark.version}</version>
    </dependency>
    <dependency>
        <groupId>org.apache.spark</groupId>
        <artifactId>spark-sql_2.12</artifactId>
        <version>${spark.version}</version>
    </dependency>
    <dependency>
        <groupId>mysql</groupId>
        <artifactId>mysql-connector-java</artifactId>
        <version>8.0.20</version>
    </dependency>
    <dependency>
        <groupId>org.apache.hadoop</groupId>
        <artifactId>hadoop-common</artifactId>
        <version>${hadoop.version}</version>
    </dependency>
    <dependency>
        <groupId>org.apache.hbase</groupId>
        <artifactId>hbase-client</artifactId>
        <version>${hbase.version}</version>
    </dependency>
    <dependency>
        <groupId>org.apache.zookeeper</groupId>
        <artifactId>zookeeper</artifactId>
        <version>${zookeeper.version}</version>
    </dependency>
    <dependency>
        <groupId>org.apache.hbase</groupId>
        <artifactId>hbase-mapreduce</artifactId>
        <version>2.1.4</version>
    </dependency>
</dependencies>
```

3. 封装工具类

在 weatherprocess 子模块下建立一个名为 HBaseUtils 的工具类，旨在提高代码的复用
性和可维护性，该类包含 3 个方法：getHbaseConn(tableName) 方法用于获取连接 HBase
的 Configuration 对象；getSession(appname, master) 方法用于获取 SparkSession 对象；
writeMySql(tableName, result) 方法用于将分析结果写入 MySQL 数据库。通过封装这些公
共方法可以避免编写相同的代码，提高系统的灵活性。

```scala
object HBaseTools {
    // 获取连接HBase的Configuration对象
    def getHbaseConn(tableName:String) : Configuration ={
```

```
    try{
        // 创建HBase的Configuration实例hconf
        val hconf: Configuration = HBaseConfiguration.create()
        // 设置ZooKeeper的配置属性
        hconf.set("hbase.zookeeper.property.clientPort", "2181");
        hconf.set("hbase.zookeeper.quorum","node01:2181,node02:2181,node03:2181");
        // 设置要读取的表名和数量
        hconf.set(TableInputFormat.INPUT_TABLE, tableName);
        hconf.set(TableInputFormat.SCAN_BATCHSIZE,"100")
        hconf
    }catch{
        case exception: Exception =>
            sys.error(exception.getMessage)
            sys.error("HBase连接失败！")
            null
    }
}
// 获取SparkSession对象
def getSession(appname:String,master:String) :SparkSession= {
    val session: SparkSession =
        SparkSession.builder().master(master).appName(appname).getOrCreate()
    session
}
// 将分析结果写入MySQL数据库
def writeMySql(tableName:String,result:DataFrame): Unit ={
    result.write
        .format("jdbc")
        .option("url","jdbc:mysql://192.168.198.101:3306/weatherdb")
        .option("driver","com.mysql.cj.jdbc.Driver")
        .option("user","root")
        .option("password","123456")
        .option("dbtable",tableName)
        .mode(SaveMode.Overwrite)
        .save()
}
}
```

4. 统计 2008—2012 年全球不同国家不同年份的平均地表温度

在 weatherprocess 模块中创建一个名为 GlobalTemperatureProcess 的伴生对象。该对象主要实现 2008—2012 年全球不同国家不同年份平均地表温度的统计分析。首先，要读取 HBase 中 globalLandTemperaturesByCountry 数据表的数据，然后对该表中的数据进行进一步的分析。

读取 HBase 中 globalLandTemperaturesByCountry 数据表中的数据。

```
// 读取HBase中的globalLandTemperaturesByCountry表数据，并注册为临时表
def getGlobalTempByCountryDataFrame(session:SparkSession): DataFrame ={
    // 获取连接HBase的Configuration对象hconf
```

```
        val hconf = HBaseTools.getHbaseConn("globalLandTemperaturesByCountry")
        /*使用newAPIHadoopRDD方法从HBase中读取globalLandTemperaturesByCountry
表的数据，将数据保存为RDD[(ImmutableBytesWritable, Result)]类型的rdd*/
        val rdd: RDD[(ImmutableBytesWritable, Result)] =
                session.sparkContext.newAPIHadoopRDD(hconf, classOf[TableInputFormat], classOf[Immutable
BytesWritable], classOf[Result])
        import session.implicits._
        /*提取出每一条数据的各个字段值，将其转换为一个元组，并将这些元组转换为DataFrame*/
        val df: DataFrame = rdd.map(f => {
            val result: Result = f._2
            val dt = Bytes.toString(result.getValue(Bytes.toBytes("info"), Bytes.toBytes("dt")))
            val AverageTemperature = Bytes.toString(result.getValue(Bytes.toBytes("info"), Bytes.toBytes
("AverageTemperature")))
            val AverageTemperatureUncertainty = Bytes.toString(result.getValue(Bytes.toBytes("info"),
Bytes.toBytes ("AverageTemperatureUncertainty")))
            val Country = Bytes.toString(result.getValue(Bytes.toBytes("info"), Bytes.toBytes("Country")))
            (dt,AverageTemperature,AverageTemperatureUncertainty,Country)
        }).toDF("dt", "averageTemperature", "averageTemperatureUncertainty","country")
        df.show(false)
        // 将df注册为临时表
        df.createOrReplaceTempView("tbl_globalLandTemperaturesByCountry")
        df
    }
```

执行 getGlobalTempByCountryDataFrame()方法后返回 DataFrame 对象，然后采用 Spark SQL 实现 2008—2012 年全球不同国家不同年份的平均地表温度统计分析，将分析结果写入 MySQL 数据库。

```
def analysisGlobalTemperature(session:SparkSession): Unit ={
    val df:DataFrame =getGlobalTempByCountryDataFrame(session)
    val result :DataFrame=
        session.sql(
            """
            |select year(dt) year,round(avg(AverageTemperature),2) average,Country
            |from tbl_globalLandTemperaturesByCountry
            |where AverageTemperature !='null'
            |and year(dt) between 2008 and 2012
            |group by Country,year(dt)
            |order by average desc
            | """.stripMargin)
    result.show(false)
    HBaseTools.writeMySql("country_2008_2012_temperatures",result)
}
```

5. 统计国内 1990—2012 年不同季度的大陆陆地平均气温

在 weatherprocess 模块中创建一个名为 ChinaTemperatureProcess 的伴生对象。该对象主要实现我国不同年份不同季度的陆地平均气温的统计分析。首先，要读取 HBase 中 globalLandTemperaturesByCountry 数据表的数据，然后对该表中的数据进行进一步的分析。

读取 HBase 中 globalLandTemperaturesByCountry 数据表的数据关键代码如下，在 ChinaTemperatureProcess 伴生对象中定义 analysisChinaByYear()方法，实现我国每年每季度的陆地平均气温的统计分析。

```
def   analysisChinaByYear(session:SparkSession): Unit ={
    val df:DataFrame =getGlobalTempByCountryDataFrame(session)
    val result :DataFrame=
      session.sql(
        """
          |SELECT  YEAR(dt)  AS  year,round(AVG(averageTemperature),3) AS  averageTemperature,
CEIL(MONTH(dt)/3) AS season
          |FROM   tbl_globalLandTemperaturesByCountry
          |where AverageTemperature != ''
          |AND country='China'
          |and YEAR(dt) >=1990
          |GROUP BY year,season
          |ORDER BY year,season
          | """.stripMargin)
    result.show(false)
    HBaseTools.writeMySql("china_season",result)
}
```

6. 统计 2010—2012 年国内各个省份不同季度的平均气温

在 weatherprocess 模块中创建一个名为 ChinaTemperatureByProvinceProcess 的伴生对象。该对象主要实现 2010—2012 年国内各个省份不同季度大陆平均气温的统计分析。首先，要读取 HBase 中 globalLandTemperaturesByCity 数据表的数据，然后对该表中的数据进行进一步的分析。

读取 HBase 中 globalLandTemperaturesByCity 数据表中的数据。

```
def getChinaTempByCountryDataFrame(session:SparkSession): DataFrame ={
    val hconf = HBaseTools.getHbaseConn("globalLandTemperaturesByCity")
    val rdd: RDD[(ImmutableBytesWritable, Result)] =
      session.sparkContext.newAPIHadoopRDD(hconf,  classOf[TableInputFormat],  classOf[Immutable
BytesWritable], classOf[Result])
    import session.implicits._

    val df: DataFrame = rdd.map(f => {
      val result: Result = f._2
      val dt = Bytes.toString(result.getValue(Bytes.toBytes("info"), Bytes.toBytes("dt")))
      val averageTemperature = Bytes.toString(result.getValue(Bytes.toBytes("info"), Bytes.toBytes
("AverageTemperature")))
      val averageTemperatureUncertainty = Bytes.toString(result.getValue(Bytes.toBytes("info"), Bytes.toBytes
("AverageTemperatureUncertainty")))
      val city = Bytes.toString(result.getValue(Bytes.toBytes("info"), Bytes.toBytes("City")))
      val country = Bytes.toString(result.getValue(Bytes.toBytes("info"), Bytes.toBytes("Country")))
      (dt,averageTemperature,averageTemperatureUncertainty,city,country)
    }).toDF("dt", "averageTemperature", "averageTemperatureUncertainty","city","country")
```

```
        // 将df注册为临时表
        df.createOrReplaceTempView("tbl_globalLandTemperaturesByCity")
        df
    }
```

执行 getChinaTempByCountryDataFrame()方法后返回 DataFrame 对象，然后采用 Spark SQL 实现 2010—2012 年国内不同省份不同季度大陆平均气温的统计分析，将分析结果写入 MySQL 数据库。

```
//统计我国不同地区不同季度的平均气温
    def analysisGlobalByYear(session:SparkSession): Unit ={
        val df:DataFrame =getGlobalTempByCountryDataFrame(session)
        val result :DataFrame=
        session.sql(
            """
                |SELECT    city    State,YEAR(dt)    AS    year,round(AVG(averageTemperature),3)    AS
AverageSeasonTemperature,CEIL(MONTH(dt)/3) AS season
                |FROM    tbl_globalLandTemperaturesByCity
                |where AverageTemperature != ''
                |AND country='China' and YEAR(dt) >=2010

                |GROUP BY city,year,season
                |ORDER BY year desc
                | """.stripMargin)
        HBaseTools.writeMySql("china_season_compare_temperature",result)
    }
```

5.4.5　可视化展示

基于数据挖掘的气象分析可视化展示，在 Spring Boot 和 MyBatis 企业级框架的支持下，结合 Echarts 库和 Ajax 异步请求技术，通过世界地图、中国地图、柱状图等多种图形形式，展示了全球不同国家和地区不同年份大陆平均气温的统计分析。

1. 创建可视化展示模块并添加依赖包

在 weatherproject 父工程下新建子模块 weatherweb，修改 weatherproject/weatherweb 目录下的 pom.xml 文件，添加 Spring Boot、MyBatis 企业级框架的核心依赖包，可参考第 4 章 4.4.5 "可视化展示"中相关代码。

2. 配置 Spring Boot 全局属性文件

在 weatherweb 子模块的 resources 文件夹中配置 application.yml 文件，可以配置服务器端口号、热部署功能、数据库连接信息以及 MyBatis 的相关配置。

```
server:
  port: 8080
spring:
  devtools:
```

```
remote:
    restart:
        enabled: true
    restart:
        additional-paths: houseweb/src/main/java
        exclude: static/**
    datasource:
        driver-class-name: com.mysql.cj.jdbc.Driver        #配置数据库驱动程序
        url: jdbc:mysql://192.168.198.101:3306/weatherdb    #配置连接数据库的URL
        username: root #配置数据库用户名
        password: 123456 #配置数据库密码
logging:
    level:
        org.example.dao: debug
```

3. 实体层

在 weatherweb 子模块的 org.example.entity 包下创建了一个名为 HttpResponseEntity 的类，该类用来封装服务器响应客户端请求的对象。HttpResponseEntity 中声明了响应消息的状态码、数据、状态信息 3 个属性，可参考第 4 章 4.4.5 "可视化展示" 中实体层代码。

4. 数据库访问层

在 weatherweb 子模块的 org.example.dao 下创建一个名为 TemperaturesMapper 的接口。TemperaturesMapper 接口中定义了一些抽象方法，用于查询基于数据挖掘的气象分析不同维度的分析结果。

```
@Repository
public interface TemperaturesMapper {
    //查询2008—2012年全球不同国家不同年份的陆地地表平均气温统计分析结果
    List<Map<String,Object>> queryWorldTemperature(int year);
    //查询我国不同年份每季度陆地地表平均气温统计分析结果
    List<Map<String, Object>> chinaTempeartureByYear();
    //查询国内不同省份不同年度不同季节的陆地地表平均气温统计分析结果
    List<Map<String,Object>> chinaTemperatureByProvince(@Param("year") int year,@Param("season")
int season);
}
```

5. 前端控制器层

在 weatherweb 子模块的 org.example.controller 包下创建一个名为 Temperatures-Controller 的前端控制器类，TemperaturesController 类负责处理全球不同国家不同城市不同年份陆地地表平均气温的各个维度分析的前端请求查询操作。前端控制器（Temperatures-Controller）接收到客户端发出的请求后，会调用数据库访问层中的查询方法。然后，将查询结果封装为 HttpResponseEntity 对象，并将其转换为 JSON 格式的数据返回给客户端。

```
@RestController
@RequestMapping("/temperatures")
```

```java
public class TemperaturesController {
    private final Logger logger = LoggerFactory.getLogger(TemperaturesController.class);
    @Autowired
    private TemperaturesMapper temperaturesMapper;

    /**
     * 查询2008—2012年全球不同国家不同年份的大陆地表平均气温
     * @return
     */
    @RequestMapping(value="/worldtemperature",method= RequestMethod.GET, headers = "Accept=application/json")
    public HttpResponseEntity queryCountry() {
        HttpResponseEntity httpResponseEntity = new HttpResponseEntity();
        List<List<Map<String,Object>>> data = new ArrayList<>();
        for (int i = 2008; i <=2012; i++) {
            List<Map<String,Object>> dataList = temperaturesMapper.queryWorldTemperature(i);
            data.add(dataList);
        }
        httpResponseEntity.setData(data);
        httpResponseEntity.setCode(Constants.SUCCESS_CODE);
        return httpResponseEntity;
    }
    /**
     * 查询我国不同年份不同季度陆地地表平均气温的分析结果
     * @return
     */
    @RequestMapping(value="/chinaTempeartureByYear",method= RequestMethod.POST, headers = "Accept=application/json")
    public HttpResponseEntity getAreaChartData() {
        HttpResponseEntity httpResponseEntity = new HttpResponseEntity();
        List<Map<String, Object>> springData = temperaturesMapper.chinaTempeartureByYear();
        httpResponseEntity.setData(springData);
        httpResponseEntity.setCode(Constants.SUCCESS_CODE);
        httpResponseEntity.setMessage(Constants.GET_DATA_MESSAGE);

        return httpResponseEntity;
    }
    /**
     * 查询2010—2012年我国不同省份不同季节陆地地表平均气温的分析结果
     * @return
     */
    @RequestMapping(value="/chinaTemperatureByProvince",method= RequestMethod.GET, headers = "Accept=application/json")
    public HttpResponseEntity queryChina() {
        HttpResponseEntity httpResponseEntity = new HttpResponseEntity();
        List<List<Map<String,Object>>> data = new ArrayList<>();
        int yearDuration = 3;
        for (int i = 0; i < yearDuration; i++) {
            for (int j = 1; j <= 4; j++) {
```

```
                List<Map<String,Object>> dataList = temperaturesMapper.chinaTemperatureByProvince
(2010+i,j);
                data.add(dataList);
            }
        }
        httpResponseEntity.setData(data);
        httpResponseEntity.setCode(Constants.SUCCESS_CODE);
        return httpResponseEntity;
    }
}
```

6. 前端页面设计

在 weatherweb 子模块的 resources/static/pages 文件夹下创建多个不同维度分析结果可视化展示页面。通过柱状图、世界地图、中国地图等多种图形表现方式,展示全球不同国家不同年份的全球陆地地表平均气温变化规律。这样的可视化展示能够清晰、直观地揭示隐藏在数据中的变化规律。

1)全球不同国家不同年份的陆地地表平均气温分析结果可视化展示

在 weatherweb 子模块的 resources/static/pages 文件夹下创建一个名为 worldtemperature.html 的页面,用于实现全球不同国家不同年份的陆地地表平均气温分析结果的可视化展示。这个页面通过世界地图清晰明了地显示了全球不同国家不同年份的陆地地表平均气温的分析结果,实现代码可参考本书配套源码第 5 章中的相关代码。

2)我国不同年份不同季度的陆地地表平均气温分析结果可视化展示

在 weatherweb 子模块的 resources/static/pages 文件夹下创建一个名为 chinatemperaturebyyear.html 的页面。该页面用于展示我国不同年份不同季度的陆地地表平均气温的分析结果。通过面积图可直观清晰地展示我国不同年份不同季度的气温变化情况。chinatemperaturebyyear.html 页面实现代码可参考本书配套源码第 5 章中的相关代码。运行该页面后,显示效果如图 5-10 所示。

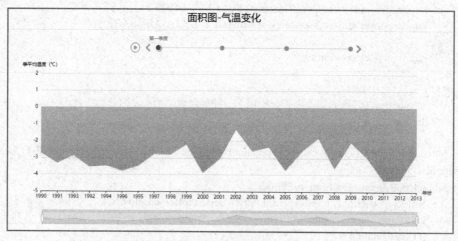

图 5-10 我国不同年份不同季度的陆地地表气温平均值可视化展示

3）我国不同省份不同年份的陆地地表平均气温分析结果可视化展示

在 weatherweb 子模块的 resources/static/pages 文件夹下创建一个名为 chinatemperature-byprovince.html 的页面。该页面用于展示我国不同省份、不同年份的陆地地表平均气温的分析结果。通过我国地图可直观清晰地展示不同省份不同年份的气温变化情况。chinatemperaturebyprovince.html 页面实现代码可参考本书配套源码第 5 章中的相关代码。

5.4.6　气温预测分析

全球不同国家的陆地地表气温的预测使用 Spark MLlib 实现，预测分析的主要步骤如下。

步骤 1：提取特征值。

对数据集进行处理，提取与气温预测相关的特征值。

步骤 2：数据转换。

将特征数据转换为适合 MLlib 使用的格式，将国家名称特征列进行自然编码。

步骤 3：模型选择。

要实现全球不同国家的陆地地表气温预测，可以选择回归类算法进行建模。其中，常见的回归模型包括线性回归、梯度提升回归树和随机森林等。

步骤 4：模型评估。

使用验证集或交叉验证技术来评估训练得到的模型的性能。在选择模型时，可以根据实际情况对不同模型进行比较和评估，选择最适合预测全球不同国家的陆地地表气温的模型。

1. 采用线性回归模型实现气温预测

线性回归是一种常见的回归算法，适用于建立气温与其他特征之间的线性关系模型。它通过拟合数据集上的线性方程，可以预估不同特征值对气温的影响。

采用线性回归模型编程实现气温预测的步骤如下。

（1）添加 Spark MLlib 依赖包。修改 weatherproject/weatherprocess 文件夹下的 pom.xml 文件，添加 Spark MLlib 依赖包。

```
<dependency>
        <groupId>org.apache.spark</groupId>
        <artifactId>spark-mllib_2.12</artifactId>
        <version>3.1.2</version>
    </dependency>
```

（2）在 weatherprocess 子模块中创建 MachineLinearRegression 类，该类主要用于实现线性回归模型预测全球不同国家的陆地地表平均气温。

```
package com.software.prediction
import org.apache.spark.ml.regression.LinearRegression
import org.apache.log4j.{Level, Logger}
import org.apache.spark.SparkConf
```

```scala
import org.apache.spark.sql.{DataFrame, Dataset, Row, SparkSession}
import org.apache.spark.ml.feature.{OneHotEncoder, StringIndexer}
import org.apache.spark.sql.functions.expr
import org.apache.spark.ml.feature.VectorAssembler
import org.apache.spark.sql.types.{DoubleType, IntegerType, StringType, StructField, StructType}
import org.apache.spark.ml.evaluation.RegressionEvaluator
object MachineLinearRegression {
  def main(args: Array[String]): Unit = {
    //创建Spark环境配置对象
    val conf = new SparkConf().setAppName("MachineWeatherExample").setMaster("loca[*]")
    //创建SparkSession对象
val spark:SparkSession = SparkSession.builder().config(conf).getOrCreate()
//读取并解析CSV文件
    var data = spark.read.option("delimiter", ",")
      .option("header",true)
      .option("multiLine", true)
      .csv("data/countryTemperatures1.csv")
    //导入隐式转换的语句，可以在Spark DataFrame上使用更方便的方法和函数
    import spark.implicits._
    //导入Spark SQL中的函数库
    import org.apache.spark.sql.functions._
    /*对特征列进行过滤，确保特征列不含有空值以及"country"列中不包含有“,”或“?”的记录*/
    val filteredData = data.filter(col("dt").isNotNull
      && col("temperature").isNotNull
      && col("country").isNotNull
      && !col("country").like("%,%")
      && !col("country").like("%?%"))
    //数据预处理，采用正则表达式将日期特征列中的/替换为-
    filteredData =regexpReplace(filteredData ,"dt","/","-")
    //数据预处理
    filteredData.withColumn("dt",(to_date(col("dt"),"yyyy-MM-dd")))
    //将日期列拆分为年、月、日
    val featureData = filteredData.withColumn("year",year($"dt"))
      .withColumn("month",month($"dt"))
      .withColumn("day",dayofmonth($"dt"))
      .select("year","month","day","country","temperature")
    //使用StringIndexer对自然语言特征列进行标签编码
    val indexer = new StringIndexer()
      .setInputCol("country")
      .setOutputCol("countryIndex")
    //拟合StringIndexer模型，生成编码器
    val codemodel = indexer.fit(featureData)
    val datamodel =codemodel.transform(featureData)
    //将自然语言及其对应的标签编码转换为一个Map集合并进行存储
    val labels = codemodel.labels
    val indices = codemodel.transform(featureData).select("countryIndex").distinct().collect().Map (_.getDouble
(0))
    val labelIndexMap =indices.zip(labels).toMap
    //将datamodel中的每一行数据进行映射转换，并创建一个新的DataFrame对象
```

```
    val result = datamodel.map( row=>(row.getInt(0),row.getInt(1),row.getInt(2),row.getDouble(5),
row.getString(4).toDouble)
    ).toDF("year","month","day","countryIndex","temperature")
    //数据模型训练
    //创建VectorAssembler 对象，设置了输入列和输出列
    //使用setInputCols()方法接收一个字符串数组作为参数，用来指定要组合成向量的列名
    //使用setOutputCol()方法设置输出列的名称为 "features"，该列将包含组合后的向量特征
    val assembler = new VectorAssembler()
      .setInputCols(Array("year", "month","day", "countryIndex"))
      .setOutputCol("features")
    //将对应特征列的值组合成一个特征向量
    val assembledData = assembler.transform(result).select("features", "temperature")
    //原始数据集随机拆分为训练集和测试集，用于模型训练和评估
    val Array(trainingData, testData) = assembledData.randomSplit(Array(0.7, 0.3))
    //创建线性回归模型对象，并设置标签列为temperature以及特征列为features
    val lr = new LinearRegression()
      .setLabelCol("temperature")
      .setFeaturesCol("features")
    //采用线性回归模型进行训练，并将训练得到的模型保存在model变量中
    val model = lr.fit(trainingData)
    //使用训练好的线性回归模型model对测试数据进行预测，将预测结果保存在predictions变量中
    val predictions:DataFrame = model.transform(testData)
    //创建回归评估器对象，设置标签列为temperature、预测列为prediction以及评估指标为均方误差
    val evaluator = new RegressionEvaluator()
      .setLabelCol("temperature")
      .setPredictionCol("prediction")
      .setMetricName("mse")
    //通过回归评估器对象evaluator的evaluate()方法，计算均方误差值
    val mse = evaluator.evaluate(predictions)
    //输出均方误差值
    println(s"Mean Squared Error (MSE): $mse")
    //关闭SparkSession
    spark.stop()
  }
  //正则替换
  def
  regexpReplace(df:DataFrame,columnName:String,regexp:String,newValue:Any):DataFrame={
  val exprString:String = "regexp_replace("+columnName+",'"+regexp+"','"+newValue+"')"
  df.withColumn(columnName,expr(exprString).alias(columnName))
  }
}
```

运行代码，控制台显示线性回归模型的训练结果，均方误差为 84.31738120648798。

2. 采用梯度提升决策树模型实现气温预测

梯度提升决策树是一种基于决策树的学习方法，用于解决回归问题，通过迭代地训练多个决策树，并使用梯度下降算法来优化损失函数，逐步将多个弱模型的预测结果进行组合，最终得出一个较强的回归模型。

在 weatherprocess 子模块中创建 MachineGBTRegressor 类，该类主要用于实现梯度提升决策树模型预测全球不同国家的陆地地表平均气温。

```
object MachineGBTRegressor{
  def main(args: Array[String]): Unit = {
    ...
//创建梯度提升决策树回归模型对象，并进行多个参数的设置
    val gbt = new GBTRegressor()
      .setLabelCol("temperature") //设置梯度提升决策树回归模型的标签列，即预测目标
      .setFeaturesCol("features") //设置梯度提升决策树回归模型的预测特征向量列
      .setMaxIter(100) //设置梯度提升决策树回归模型的最大迭代次数
      .setMaxDepth(10)//设置梯度提升决策树回归模型的最大树深度
      .setStepSize(0.1)//设置梯度提升决策树回归模型的学习率（步长）
      .setSubsamplingRate(0.8)//设置每次迭代时使用80%的数据进行训练
      .setImpurity("mse")//使用均方误差作为不纯度度量方式
      .setFeatureSubsetStrategy("auto")//自动选择特征子集策略
      .setSeed(12345)//设置梯度提升决策树回归模型的随机种子
//使用梯度提升决策树回归模型对训练数据进行拟合
    val model = gbt.fit(trainingData)
//使用训练好的模型model对测试数据进行预测
    val predictions:DataFrame = model.transform(testData)
//创建一个回归评估器
    val evaluator = new RegressionEvaluator()
      .setLabelCol("temperature")
      .setPredictionCol("prediction")
      .setMetricName("mse")
//对梯度提升决策树模型的预测结果进行评估，计算并获取均方误差的值
    val mse = evaluator.evaluate(predictions)
//输出均方误差
    println(s"Mean Squared Error (MSE): $mse")
//打印预测结果
    val predictionResult = predictions.select("prediction", "temperature", "features")
predictionResult.show(10)
```

运行代码,控制台显示梯度提升决策树模型的训练结果,均方误差为50.78135156256401。

3. 采用随机森林模型实现气温预测

随机森林模型是一种基于决策树的集成学习方法，通过多个决策树，并通过投票（分类问题）或取平均值（回归问题）的方式来组合这些决策树的预测结果，从而得到一个更稳定、更准确的模型。另外，需要注意的是随机森林模型需要选择适当的决策树数量和特征子集大小，并进行交叉验证，以获得最佳的分类和回归性能。

（1）在 weatherprocess 子模块中创建 MachineRandomForestTuning 类，该类主要用于实现创建随机森林模型预测全球不同国家陆地地表平均气温的参数调优。

```
package com.software.prediction
object MachineRandomForestTuning{
  def main(args: Array[String]): Unit = {
    ...
```

```
//创建随机森林回归器对象
    val rf = new RandomForestRegressor()
      .setLabelCol("temperature") //设置标签列，指定回归目标变量的列名
      .setFeaturesCol("features") //设置特征列，指定训练模型的特征变量
      .setFeatureSubsetStrategy("auto") //设置特征子集策略为自动选择策略
//构建参数网格，在训练随机森林回归模型时尝试不同参数的组合
    val paramGrid = new ParamGridBuilder()
      .addGrid(rf.numTrees, Array(20, 40, 60)) //训练不同决策树数量的取值
      .addGrid(rf.maxDepth, Array(10, 20, 30)) //随机森林回归器最大树深度的参数取值
      .build() //通过build方法构建参数网格
    val evaluator = new RegressionEvaluator()
      .setLabelCol("temperature")
      .setPredictionCol("prediction")
      .setMetricName("mse")
//创建CrossValidator对象，实现模型的交叉验证
    val cv = new CrossValidator()
      .setEstimator(rf)
      .setEstimatorParamMaps(paramGrid)
      .setEvaluator(evaluator)
      .setNumFolds(5) //设置交叉验证的折数
    val cvModel = cv.fit(trainingData)
    val bestModel = cvModel.bestModel.asInstanceOf[RandomForestRegressionModel]
    val bestNumTrees = bestModel.getNumTrees
    val bestMaxDepth = bestModel.getMaxDepth
    println(s"Best numTrees: $bestNumTrees")
    println(s"Best maxDepth: $bestMaxDepth")
```

运行代码，输出的结果如下：

```
Best numTrees: 60
Best maxDepth: 20
```

（2）在 weatherprocess 子模块中创建 MachineRandomForest 类，该类主要用于实现训练随机森林模型预测全球不同国家陆地地表的平均气温。

```
package com.software.prediction
object MachineRandomForest{
  def main(args: Array[String]): Unit = {
...
//随机森林模型训练
    val numTrees = 40                              //决策树个数
    val maxDepth = 20                              //决策树最大深度
    val featureSubStrategy = "auto"               //特征子集策略
    val rf = new RandomForestRegressor()
      .setLabelCol("temperature")                  //设置目标变量列名
      .setFeaturesCol("features")                  //设置特征列的名称
      .setNumTrees(numTrees)                       //设置随机森林中决策树的数量
      .setMaxDepth(maxDepth)                       //设置决策树的最大深度
      .setFeatureSubsetStrategy(featureSubStrategy) //设置特征子集策略
//模型训练
```

```
val model = rf.fit(trainingData)
val predictions:DataFrame = model.transform(testData)
val evaluator = new RegressionEvaluator()
   .setLabelCol("temperature")
   .setPredictionCol("prediction")
   .setMetricName("mse")
    val mse = evaluator.evaluate(predictions)
   println(s"Mean Squared Error (MSE): $mse")
```

运行代码，通过控制台输出，可以看到随机森林模型的训练结果，其均方误差为47.46782370474463。由于较小的均方误差表示预测结果相对更准确，通过对比分析可以得出，采用随机森林算法模型进行预测的效果更好。

5.5 部 署 运 行

基于数据挖掘的气象分析项目包含数据分析、预测模块（weatherprocess）和数据可视化展示模块（weatherweb）。项目编码测试完成后，需要进行打包，并将其部署到 Hadoop 大数据平台上运行。该项目部署运行的具体步骤如下。

（1）启动 Hadoop、ZooKeeper、HBase 的服务。

（2）将基于数据挖掘的气象分析、预测模块 weatherprocess 进行编译、打包，生成名为 weatherprocess-1.0-SNAPSHOT.jar 的可执行文件。将 weatherprocess-1.0-SNAPSHOT.jar 提交至 Hadoop 集群 node01 节点下的/opt/jar 目录中，并使用 YARN Client 的模式运行。

① 使用 spark-submit 提交作业，实现对 2008—2012 年全球不同国家的平均地表温度统计分析，命令如下：

```
./bin/spark-submit   \
--class com.software.process.GlobalTemperatureProcess   \
--master yarn   \
--deploy-mode client \
--driver-memory 4G \
--executor-memory 3G \
/opt/jar/weatherprocess-1.0-SNAPSHOT.jar
```

作业执行完毕后，将对 2008—2012 年全球不同国家的平均地表温度进行统计分析，并将结果写入 MySQL 数据库。

② 使用 spark-submit 提交作业，实现对国内 1990—2012 年不同季度的大陆陆地平均气温进行统计分析，命令如下：

```
./bin/spark-submit   \
--class com.software.process.ChinaTemperatureProcess   \
--master yarn   \
--deploy-mode client \
--executor-memory 3G \
--driver-memory 4G \
/opt/jar/weatherprocess-1.0-SNAPSHOT.jar
```

作业执行完毕后，将对国内 1990—2012 年不同季度的陆地地表平均气温进行统计分析，并将结果写入 MySQL 数据库。

③ 使用 spark-submit 提交作业，实现对 2010—2012 年国内各个省份不同季度的平均气温进行统计分析，命令如下：

```
./bin/spark-submit  \
--class com.software.process.ChinaTemperatureByProvinceProcess  \
--master yarn  \
--deploy-mode client \
--executor-memory 3G \
--driver-memory 4G \
/opt/jar/weatherprocess-1.0-SNAPSHOT.jar
```

作业执行完毕后，将对 2010—2012 年国内各个省份不同季度的大陆陆地平均气温进行统计分析，并将结果写入 MySQL 数据库。

（3）数据分析结果可视化展示。将数据分析可视化展示模块 weatherweb 进行编译，并打包成名为 weatherweb-1.0-SNAPSHOT.war 的 war 包。然后将 war 包复制到虚拟机 Tomcat 安装目录下的 webapps 文件夹中，当 Tomcat 服务器启动后，weatherweb-1.0-SNAPSHOT.war 会自动解压为 weatherweb-1.0-SNAPSHOT 文件夹。然后，将该文件夹重命名为 weatherweb，如图 5-11 所示。最后，在浏览器中访问不同的地址，查看不同维度分析结果的可视化展示。

名称	大小	类型	修改时间
..			
weatherweb-2.7.3.war	25.42MB	WAR 文件	2023/2/15, 4:05
weatherweb		文件夹	2023/2/15, 4:05
ROOT		文件夹	2022/2/15, 11:28
docs		文件夹	2022/2/14, 12:08
examples		文件夹	2022/2/14, 12:08
host-manager		文件夹	2022/2/14, 12:08
manager		文件夹	2022/2/14, 12:08

图 5-11　将 weatherweb 部署到 Tomcat 服务器

第 5 章课件

本 章 小 结

本章主要介绍了如何使用 Spark SQL 访问 HBase 数据库，以实现对全球气温变化的分析。首先，分析了全球不同国家陆地平均气温的数据结构。然后，根据大数据分析的设计思路，实现了对全球不同国家不同年份和国内不同地区不同年份的陆地气温进行分析。

本 章 练 习

1. 选择题

（1）下面（　　）选项正确描述了 HBase 的特性。

  A. 高可靠性　　　　　B. 高性能　　　　　C. 面向列　　　　　D. 可伸缩

（2）以下论述中错误的是（　　　）。

　A. 机器学习是一门多领域的交叉学科，涉及概率论、统计学、逼近论、算法复杂度理论等多门学科

　B. 机器学习与人工智能是不存在任何关联的两个独立领域

　C. 自然语言处理、图像识别、推荐系统、金融风控、医疗诊断等领域都可应用机器学习的知识

　D. 机器学习的核心目标是通过让计算机自动从大量数据中学习并提取特征、构建模型，实现对任务的自动化解决

（3）在 Spark MLlib 中，以下（　　　）评估指标可用于线性回归模型评估。

　A. AUC-ROC　　　　　　　　　B. F1-Score

　C. Mean Squared Error（MSE）　　D. Confusion Matrix

（4）以下（　　）机器学习需要事先标记好训练数据。

　A. 监督学习　　　　　　　　　B. 半监督学习

　C. 无监督学习　　　　　　　　D. 都需要

（5）在监督学习的过程中，（　　　）是在训练数据和标签之间建立映射关系。

　A. 特征工程　　　　　　　　　B. 模型选择

　C. 模型训练　　　　　　　　　D. 预测

2. 编程题

结合本章采集的全球气温数据，编程完成以下 4 个小题。

（1）全球不同国家全年气温均值排行 TOP20 的国家统计分析。

（2）全球不同年份气温均值的变化趋势分析。

（3）全球不同季度气温均值的变化趋势分析。

（4）分析中国不同省份不同年份气温均值的变化趋势。

第 5 章答案

第 6 章

基于广告流量数据的实时分析

6.1 项 目 背 景

当今社会已进入数据化、网络化、智能化时代,互联网逐渐成为社会生产、生活的主要载体。数据流量、实时分析、智能预测成为互联网经济运行的重要支撑。而用户点击量则是数据流量的主要表现,通过用户点击量可以计算出互联网平台流量,进而优化页面布局,实现资源优化配置,达到经济效益最大化目的。

广告流量数据的实时分析可以帮助平台进行智能预测,了解用户行为趋势和偏好,以便更精准地进行广告投放。通过分析广告流量数据,平台可以识别出潜在目标受众,并将广告精准地投放给相关用户群体,提高广告投放的效果和转化率。

6.2 实 现 任 务

本案例主要使用 Spark Streaming 实时分析天猫电商平台的广告点击量。天猫电商平台轮播广告流量的实时分析主要从 3 个维度进行统计分析:第一个维度是依据时间顺序依次均等地在时间点上统计上一个时间片段的点击数量;第二个维度是统计广告点击量各个省份排行榜;第三个维度是依据各个省份和广告分类统计。根据分析结果来优化广告的投播时序及投播类型,以期达到在最佳时间投放最优广告的效果。

第 6 章案例代码

6.3 技 术 准 备

6.3.1 实验环境

本项目所需的软件环境及版本如下所述：

（1）操作系统：Windows 10、Windows 11、macOS、Ubuntu、CentOS 等；

（2）开发工具：IDEA IntelliJ；

（3）大数据开发平台：Hadoop（3.1.2 及以上版本）；

（4）分布式协调服务：ZooKeeper（3.4.5 版本）；

（5）分布式流处理平台：Kafka（2.12～3.0.2 版本）；

（6）分布式计算框架：Spark（3.0.0 及以上版本）；

（7）Web 服务器：Tomcat；

（8）J2EE 企业级框架：Spring Boot（2.0.4 及以上版本）、MyBatis；

（9）关系型数据库：MySQL（8.0 版本）。

6.3.2 Kafka

1. Kafka 概述

Kafka 是一种高性能、分布式的流数据平台，由 Apache 软件基金会开发和维护。它主要用于处理实时数据流，并提供高吞吐量、可持久化、可扩展和可靠的数据传输。

Kafka 的设计理念是将数据以消息的形式进行传输和存储。它通过将数据分成多个分区，并在多个服务器上进行复制来实现高可用性和容错性。每个分区都有一个唯一的标识符，称为偏移量（offset），用于指示消息在分区中的位置。Kafka 使用发布-订阅模式，生产者将消息发布到一个或多个主题（Topic）中，而消费者则订阅这些主题并消费其中的消息。消息队列的发布-订阅模式如图 6-1 所示。消息生产者（发布）将消息发布到 Topic 中，同时有多个消息消费者（订阅）消费该消息。

2. Kafka 系统架构

通常情况下，一个 Kafka 体系架构包括多个 Producer、多个 Consumer、多个 Broker 以及一个 ZooKeeper 集群，Kafka 系统架构如图 6-2 所示。

（1）Producer：生产者，负责将消息发送到 Kafka 中。生产者向指定的主题（Topic）发送消息，可以选择发送到一个或多个主题。每个消息都有一个键（key）和一个值（value），Producer 根据键来确定消息所属的分区（partition）。

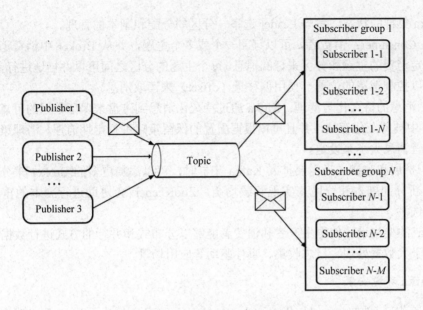

图 6-1　消息发布-订阅模式

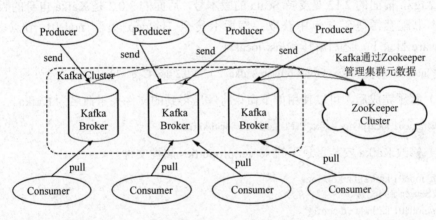

图 6-2　Kafka 系统架构

（2）分区与副本分配：Kafka 中的每个主题被分为多个分区，每个分区都是一个有序、不可变的消息队列。当 Producer 发送消息时，根据分区策略选择目标分区。分区策略可以自定义，也可以使用默认策略。分区的副本会被分布在多个 Broker 上，并通过 ZooKeeper 进行管理。

（3）Broker：Kafka 服务节点，一个或多个 Broker 组成了一个 Kafka 集群。Broker 负责接收和处理客户端发送过来的请求，以及对消息进行持久化操作。每个分区在多个 Broker 上有多个副本，并且有一个副本作为 Leader，其他副本作为 Follower。生产者发送的消息会被写入 Leader 副本，并根据复制机制将消息复制到 Follower 副本。这样可以实现消息的高可用性和容错性。

（4）ZooKeeper 集群：负责管理 Kafka 集群元数据以及控制器选举等。ZooKeeper 是 Kafka 集群的协调服务，负责管理和维护集群的元数据信息、Broker 的状态等。它保持了整个 Kafka 集群的状态，参与 Leader 选举、分区的分配和副本的管理。

（5）Consumer：消费者，可以订阅一个或多个主题，并从 Broker 中消费消息。消费者通过指定消费的主题和分区来订阅消息。每个主题的分区之间可以并行地进行消息消费，消费者可以控制消费的位置，使用偏移量（offset）来读取消息。

（6）消息的持久化与清理：Kafka 通过持久化消息到磁盘来保证数据的可靠性。消息在 Broker 中被持久化存储，并且可以根据配置的保留策略进行定期清理。清理策略可以根据时间或者消息大小来设定。

（7）扩展和容错：当需要扩展 Kafka 集群时，可以添加更多的 Broker 来分担负载，并通过重新分配副本和分区来实现负载均衡。ZooKeeper 会协助进行副本的重新分配和 Leader 的选举。

Kafka 的架构设计使得生产者和消费者能够以分布式和并行的方式进行数据传输和处理，适用于大数据处理、日志收集、事件驱动等应用场景。

3. Kafka 环境安装

（1）首先在官网（https://kafka.apache.org/downloads.html）中下载 Kafka 安装包（kafka_2.12-3.0.2.tgz，前面的 2.12 是支持 Scala 的版本号，后面的 3.0.2 是 Kafka 自身的版本号），也可从本书配套源码工具包中获取。然后上传至 Hadoop 集群 node01 节点虚拟机的 /opt/software 目录下，之后解压到/usr/local 下。

```
[root@node01 opt]# tar -zxvf /opt/software/kafka_2.12-3.0.2.tgz -C /usr/local/
```

（2）解压完成后，可以使用如下命令将解压得到的文件夹重命名为 Kafka。

```
[root@node01 local]# mv kafka_2.12-3.0.2 /usr/local/kafka
```

（3）修改 Kafka 安装目录下的 server.properties 属性文件。

```
[root@node01 kafka]# mkdir logs
#修改Server端的配置
[root@node01 kafka]# cd config/
[root@node01 config]# vi server.properties
#标识Kafka集群中每个Broker的唯一编号。每个Broker都应有一个独特的broker.id值
broker.id=1
#处理网络请求的线程数
num.network.threads=3
#定义处理I/O操作的线程数
num.io.threads=8
#指定Kafka存储日志文件的目录路径
log.dirs=/usr/local/kafka/logs
#每个主题的默认分区数
num.partitions=1
#指定连接ZooKeeper的地址和端口号
zookeeper.connect=node01:2181,node02:2181,node03:2181
```

（4）节点分发，将 Hadoop 集群 node01 节点上安装的 Kafka 分发到其他节点。

```
[root@node01 local]# scp   -r kafka root@node02:/usr/local
```

```
[root@node01 local]# scp    -r kafka root@node03:/usr/local
```

分发完成后，修改其他节点的 broker.id 值，将 node02 节点上的 broker.id 设置为 2，将 node03 节点上的 broker.id 设置为 3。

```
[root@node02 ~]# vi /usr/local/kafka/config/server.properties
[root@node03 ~]# vi /usr/local/kafka/config/server.properties
```

（5）设置环境变量，命令如下：

```
[root@node01 ~]# vim /etc/profile
#配置HBase环境变量
export KAFKA_HOME=/usr/local/kafka
export PATH=$PATH:$KAFKA_HOME
#环境变量生效
[root@node01 ~]# source /etc/profile
```

☞提示：参考以上的环境变量设置，分别设置 node02、node03 节点的环境变量。

（6）启动 Kafka 服务端，命令如下：

```
#daemon表示后台运行的一种进程
[root@node01 bin]# kafka-server-start.sh -daemon ${KAFKA_HOME}/config/server.properties
[root@node02 bin]# kafka-server-start.sh -daemon ${KAFKA_HOME}/config/server.properties
[root@node03 bin]# kafka-server-start.sh -daemon ${KAFKA_HOME}/config/server.properties
#查看集群进程
[root@node01 bin]# jps
5761 NodeManager
5044 NameNode
5622 ResourceManager
14919 Kafka
15112 Jps
6825 QuorumPeerMain
5183 DataNode
[root@node02 bin]# jps
12914 Kafka
12932 Jps
5558 QuorumPeerMain
4811 DataNode
[root@node03 bin]# jps
12721 Kafka
12739 Jps
5534 QuorumPeerMain
4783  aNode
```

（7）关闭 Kafka 服务端，命令如下：

```
[root@node01 bin]# kafka-server-stop.sh stop
[root@node02 bin]# kafka-server-stop.sh stop
[root@node03 bin]# kafka-server-stop.sh stop
```

4. Kafka 基本操作

1）分别启动 Hadoop、ZooKeeper、Kafka 服务

（1）启动 Hadoop 集群服务。

```
[root@node01 ~]# start-all.sh
[root@node01 ~]# jps
9890 Jps
8056 DataNode
8651 NodeManager
8508 ResourceManager
7919 NameNode
```

（2）启动 Hadoop 集群上每个节点的 ZooKeeper 服务。

```
[root@node01 bdp]# cd zookeeper-3.4.5/
[root@node01 zookeeper-3.4.5]# bin/zkServer.sh start
[root@node01 zookeeper-3.4.5]# jps
10048 QuorumPeerMain
8056 DataNode
10072 Jps
8651 NodeManager
8508 ResourceManager
7919 NameNode
[root@node02 bdp]# cd zookeeper-3.4.5/
[root@node02 zookeeper-3.4.5]# bin/zkServer.sh start
[root@node03 bdp]# cd zookeeper-3.4.5/
[root@node03 zookeeper-3.4.5]# bin/zkServer.sh start
```

（3）启动 Hadoop 集群上每个节点的 Kafka 服务。

```
[root@node01 soft]# cd kafka_2.12-0.11.0.3/bin
[root@node01 bin]# ./kafka-server-start.sh ../config/server.properties
```

Hadoop、ZooKeeper、Kafka 服务启动后显示如下进程：

```
[root@node01 ~]# jps
10048 QuorumPeerMain
8056 DataNode
8651 NodeManager
11803 Jps
8508 ResourceManager
7919 NameNode
11279 Kafka
```

2）Kafka 相关操作

【例 6-1】创建 Kafka 主题。

```
[root@node01 bin]# ./kafka-topics.sh --zookeeper node01:2181 --create --replication-factor 1 --partitions 1
--topic spark
Created topic "spark"
```

【例 6-2】 列出 Kafka 的主题名称。

```
[root@node01 bin]# ./kafka-topics.sh --list --zookeeper localhost:2181
```

【例 6-3】 利用 Kafka 提供的控制台生产者工具生产数据。

```
[root@node01 bin]# ./kafka-console-producer.sh --broker-list node01:9901 --topic spark
#等待输入消息
>hello
```

【例 6-4】 利用 Kafka 提供的控制台消费者消费数据。

```
#在Hadoop集群中的node02节点上启动Kafka消费者
[root@node02 bin]# kafka-console-consumer.sh --bootstrap-server node01:9092 --from-beginning --topic
spark
```

🔔**注意：** 在消费者的控制台中显示生产者发送的消息 "hello"。--from-begining 会把 Spark 主题中以往所有的数据都读取出来，此选项可以根据项目需求设定。

【例 6-5】 查看 Kafka 的主题信息。

```
[root@node01 bin]# kafka-topics.sh --zookeeper node01:2181 --describe --topic spark
Topic:spark      PartitionCount:1      ReplicationFactor:1    Configs:
Topic: spark     Partition: 0          Leader: 0              Replicas: 0        Isr: 0
```

【例 6-6】 删除 Kafka 主题。

```
[root@node01 bin]# kafka-topics.sh --zookeeper node01:2181 --delete --topic spark
```

6.3.3　Spark Streaming

1. Spark Streaming 概述

Spark Streaming 是 Apache Spark 的一个流式处理组件，它具有吞吐量高和容错能力强等特点。它可以从多种数据源（如 Kafka、Flume、Twitter 等）接收实时的数据流，并将数据流按照可配置的时间间隔切分为小批量的数据进行处理。

Spark Streaming 可以接收多种数据源的实时输入，如 Kafka、Flume、HDFS 等，数据输入后可以用 Spark 的高度抽象原语（如 map、reduce、join、window 等）进行运算。运算后的结果可以保存在 HDFS、数据库等外部系统中，如图 6-3 所示。

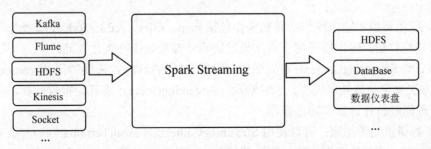

图 6-3　Spark Streaming 数据源输入及结果输出

Spark Streaming 使用离散化流（discretized stream）作为抽象表示，称为 DStream。DStream 是随时间推移而收到的数据序列。每个时间间隔内收到的数据都会被切分成小批量，并以 RDD 的形式存在。这些小批量的 RDD 按照时间顺序形成一个 DStream 序列，从而构成了表示整个数据流的 DStream 对象。

Spark Streaming 的执行流程如图 6-4 所示，具体介绍如下。

图 6-4　Spark Streaming 执行流程图

（1）Spark Streaming 接收实时数据并根据一定的时间间隔将其拆分成若干个小的批处理文件（batches），然后通过批处理引擎 Spark Core 批量生成最终的结果。

（2）每个批处理文件都被转化为一个 RDD（弹性分布式数据集），然后通过 Spark Core 的批处理引擎进行处理。

（3）在每个批次中，Spark Streaming 通过对 RDD 应用转换操作（如 map、reduce、join 等），对数据进行实时计算和转换。

（4）计算得到的中间结果可以选择保存在内存中，以供后续查询和分析使用。

（5）整个流式计算根据业务的需求，可以对中间的结果进行叠加或者存储到外部设备。

2. Spark Streaming 技术架构

Spark Streaming 使用"微批次"的架构，把流式计算作为一系列连续的小规模批处理来对待，Spark Streaming 从各种输入源中读取数据，并把数据分组为小的批次。新的批次按均匀的时间间隔创建出来。在每个时间区间开始的时候，一个新的批次就被创建出来，在该区间内收到的数据都会被添加到这个批次中。在时间区间结束时，批次停止增长。时间区间的大小是由批次间隔这个参数决定的，批次间隔通常根据项目的需求进行设置。

执行 Spark Streaming 处理的一般操作需要以下几个步骤。

（1）创建 StreamingContext 对象：它是 Spark Streaming 应用程序的入口点。可以通过 SparkConf 对象来创建 StreamingContext，并指定批处理的时间间隔。

（2）创建 InputDStream：Spark Streaming 需要指明数据源，DStream 输入源包括基础来源和高级来源，基础来源主要指 StreamingContext API 中直接可用的数据源，如文件系统、Socket 连接和 Akka actors。高级来源包括 Kafka、Flume、Twitter 等，同时也可以通过实用工具创建。

（3）应用转换和输出操作：转换操作包括 map、filter、reduceByKey 等操作，用于实时计算和转换数据。输出操作用于将结果发送到外部系统或持久化存储。

（4）启动 StreamingContext：在完成所有设置和转换操作后，需要调用 StreamingContext 的 start()方法来启动流处理过程。一旦启动，StreamingContext 将开始接收数据，并按照设定的批处理间隔执行计算和输出操作。

（5）等待流处理结束：可以使用 StreamingContext 的 awaitTermination()方法来等待流处理过程结束。通常情况下，流处理会持续运行，除非手动停止或发生错误。

6.3.4　Spark Streaming 整合 Kafka 操作

【例 6-7】Spark Streaming 整合 Kafka 实现对 Kafka 中的数据进行实时消费和处理，下面是 Spark Streaming 对 Kafka 数据进行消费的操作步骤。

步骤 1：创建一个名为 kafkasparkstreaming 的 Maven 项目，修改 kafkasparkstreaming 项目中的 pom.xml 文件，添加 Spark Streaming、Kafka 的依赖包。

```xml
<dependencies>
    <!--Spark核心依赖配置-->
    <dependency>
        <groupId>org.apache.spark</groupId>
        <artifactId>spark-core_2.12</artifactId>
        <version>3.0.0</version>
    </dependency>
    <!--Spark Streaming依赖配置-->
    <dependency>
        <groupId>org.apache.spark</groupId>
        <artifactId>spark-streaming_2.12</artifactId>
        <version>3.0.0</version>
    </dependency>
    <!--Kafka客户端依赖配置-->
    <dependency>
        <groupId>org.apache.kafka</groupId>
        <artifactId>kafka-clients</artifactId>
        <version>2.3.1</version>
    </dependency>
    <!--Spark Streaming整合Kafka的依赖-->
    <dependency>
        <groupId>org.apache.spark</groupId>
        <artifactId>spark-streaming-kafka-0-10_2.12</artifactId>
        <version>3.0.0</version>
    </dependency>
</dependencies>
```

步骤 2：在 kafkasparkstreaming 项目中创建名为 SparkStreamingFromKafka 的伴生对象。

```scala
object SparkStreamingFromKafka {
def main(args: Array[String]): Unit = {
//创建SparkConf对象，指定运行模式为本地模式
val conf = new SparkConf().setAppName("kafkastreaming").setMaster("local[*]")
//创建StreamingContext对象并设置时间间隔
val context = new StreamingContext(conf,Seconds(5))
//定义要从Kafka中消费数据的主题名称
val fromTopic = "spark"
//创建Kafka的连接参数
val kafkaParams = Map[String,String](
    "bootstrap.servers"->"node01:9092,node02:9092,node03:9092",
```

```
//用于对接收到的消息中的键进行反序列化的类
"key.deserializer"->"org.apache.kafka.common.serialization.StringDeserializer",
//用于对接收到的消息中的值进行反序列化的类
"value.deserializer"->"org.apache.kafka.common.serialization.StringDeserializer",
//指定消费者组的标识符
"group.id"->"spark-streaming-consumer-group"
)
//创建KafkaDStream对象，从Kafka主题中读取消息
val kafkaStream = KafkaUtils.createDirectStream[String,String](
    context,
    LocationStrategies.PreferConsistent,
    ConsumerStrategies.Subscribe[String,String](Array("spark"),kafkaParams)
)
//处理DStream数据-业务逻辑
val result = kafkaStream.map(x=>x.value)
//输出结果
result.print
//启动Spark Streaming应用程序，开始接收数据并进行处理
context.start()
//Spark Streaming应用程序一直运行，直到手动停止或发生异常
context.awaitTermination()
  }
}
```

步骤3：生产者生产数据。

启动 Kafka 控制台提供的生产者，并使用该生产者发送数据。在控制台中输入命令，发送字符串"Hello Spark"作为消息内容。

```
[root@node01 bin]# ./kafka-console-producer.sh --broker-list 192.168.198.101:9092 --topic spark
  >Hello Spark
```

步骤4：运行代码，IDEA 控制台中输出如下结果。

```
Time: 1691245865000 ms
Hello Spark
```

6.4 任 务 实 现

6.4.1 数据源

本案例的数据源是从淘宝网站中随机抽取了 114 万用户在 8 天内的广告展示记录，总共包含 2600 万条记录，其中省份这一列数据是通过随机模拟生成的，并非真实用户的省份信息。电商广告点击数据源主要包含脱敏过的用户 ID、时间戳、脱敏过的广告单元 ID、是否点击、省份等字段，该数据源的各字段如表 6-1 所示。

表 6-1　电商广告数据源的数据结构

序　号	字　段　名	字　段　说　明	备　　注
1	user	脱敏过的用户 ID	
2	time_stamp	时间戳	
3	adgroup_id	脱敏过的广告单元 ID	
4	clk	是否点击	为 0 代表没有点击；为 1 代表点击
5	province	省份	

6.4.2　架构设计

本系统的技术架构采用了当前企业开发中比较成熟的框架技术，如图 6-5 所示。整个架构主要分为 4 层：数据获取层、数据传输层、实时分析层和数据应用 Web 层。

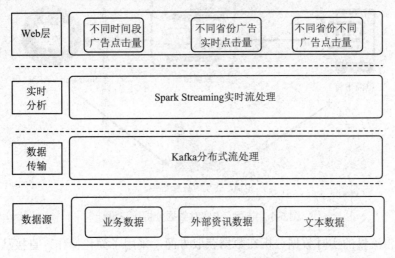

图 6-5　基于广告流量数据的实时分析系统架构图

1. 数据获取

数据获取主要涉及天猫电商平台用户点击广告的日志数据，该数据源对用户信息和广告信息进行了脱敏处理。

2. 数据传输

本案例中，电商广告点击数据需要保持实时更新，在设计上每隔 5 ms 按顺序读取一次数据。为了实现数据实时读取，采用 Kafka 作为数据源和消息队列系统，通过 Kafka 消费者订阅相应的主题来读取 Kafka 生产者实时发送的数据。

3. 数据计算

数据计算阶段采用了 Spark Streaming 和 Kafka 技术，首先使用 Kafka 生产者模拟数据的连续发送，然后通过 Spark Streaming 技术实时地进行数据处理和分析，最后将分析的结果保存到 MySQL 数据库，以便后续查询和使用。

4. Web 层

Web 层是用户与系统交互的操作界面。以柱状图、折线图、饼状图等多种图形表现形式直观地呈现了电商广告用户访问量数据变化的情况，为辅助电商平台运营商调整广告实时发布的策略提供决策支持。

6.4.3　设计思路

电商广告实时的可视化展示系统设置接入电商平台获取用户行为数据，然后进行实现数据分析并以不同的图表进行可视化展示。该案例的接口设计如图 6-6 所示。

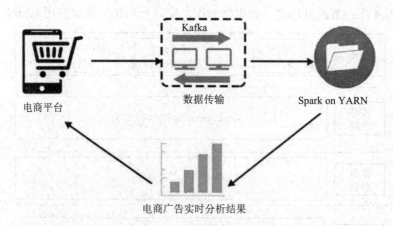

图 6-6　电商广告实时数据分析接口设计

基于广告流量的实时数据分析在数据获取方面，采用了简化操作，直接从存放电商网站点击广告的日志中模拟数据的产生，本案例的分析流程如下。

（1）本案例的数据源保存在 raw_sample.csv 文件中，每隔一个小时会读取一次文件，并在读取文件的过程中，以每秒一行的方式发送数据，这样可以模拟实际的数据即时产生的情况。

（2）Kafka 负责将模拟数据实时发送给 Spark Streaming，同时 Spark Streaming 接收数据并进行实时的数据分析处理。

（3）分析完成后，将分析结果写入 MySQL 数据库，以便后续的查询和存储。

（4）通过 Web 页面以图表的形式实时展示数据分析的结果。

6.4.4　数据实时发送

电商广告实时点击分析采用 IDEA 作为开发环境，Maven 作为项目构建和管理工具，Kafka 实时读取电商广告实时点击日志文件并发送数据。

1. 创建 Maven 项目

使用 IDEA 创建一个名为 advertisementproject 的 Maven 项目，作为基于广告流量数据实时分析项目的父工程，实现项目规范化管理。在 advertisementproject 中添加名为 advertisementproducer 的 Maven 子模块，用于模拟数据发送的功能，搭建的框架如图 6-7 所示。

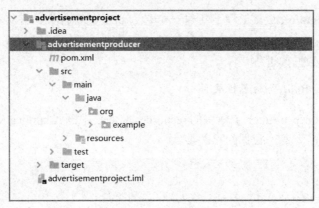

图 6-7　创建 advertisementproducer 子模块

2. 添加项目依赖

advertisementproducer 模块的主要目标是模拟数据实时发送，需要引入 Spring Boot 和 Kafka 等相关依赖。为了添加这些依赖，需要在 advertisementproject/advertisementproducer 目录下的 pom.xml 文件中添加相关依赖包。

```xml
<dependencies>
            <!--该依赖包提供了与Kafka消息队列交互的功能-->
            <dependency>
                <groupId>org.springframework.kafka</groupId>
                <artifactId>spring-kafka</artifactId>
                <version>2.5.0.RELEASE</version>
            </dependency>
            <!--Spring Boot开发工具依赖包-->
            <dependency>
                <groupId>org.springframework.boot</groupId>
                <artifactId>spring-boot-devtools</artifactId>
                <scope>runtime</scope>
                <optional>true</optional>
            </dependency>
            <!--Spring Boot测试框架依赖包-->
            <dependency>
                <groupId>org.springframework.boot</groupId>
                <artifactId>spring-boot-starter-test</artifactId>
                <exclusions>
                    <exclusion>
                        <groupId>org.junit.vintage</groupId>
```

```
                    <artifactId>junit-vintage-engine</artifactId>
                </exclusion>
            </exclusions>
        </dependency>
</dependencies>
```

3. 加载数据

在 advertisementproject 父工程下新建一个名为 data 的文件夹，并将存储天猫平台用户广告点击量的日志文件 raw_sample.csv 复制到 data 文件夹下。可以从该目录下读取日志文件来模拟实时获取数据的过程。

4. 配置 Spring Boot 全局属性文件

在 advertisementproducer 子模块的 resources 文件夹中配置 application.properties 文件，可以配置 Kafka 生产者发送数据的相关参数。

```
#Kafka
#服务器地址
kafka.bootstrap.servers=node01:9092,node02:9092,node03:9092
#重试发送消息次数
kafka.retries_config=0
#批量发送的基本单位，默认16384 B，即16 KB
kafka.batch_size_config=5242880
#批量发送延迟的上限
kafka.linger_ms_config=100
#buffer内存大小
kafka.buffer_memory_config=7340032
#主题
kafka.topic=advertise
```

5. Kafka 参数设置

在 advertisementproducer 子模块的 org.example.config 包中创建一个名为 KafkaProducerConfig 的类，用于加载全局属性文件中的 Kafka 生产者参数配置。

KafkaProducerConfig 类可以使用 Spring Boot 框架提供的注解，将全局属性文件中配置的 Kafka 相关参数加载到应用程序中，关键代码如下所示，这种方式可提高程序的灵活性和可维护性，使得程序能够更好地适应不同的 Kafka 环境和配置需求。

```
@Configuration
public class KafkaProducerConfig {
    @Value("${kafka.bootstrap.servers}")
    private String bootstrap_servers;
    @Value("${kafka.retries_config}")
    private String retries_config;
    @Value("${kafka.batch_size_config}")
    private String batch_size_config;
    @Value("${kafka.linger_ms_config}")
    private String linger_ms_config;
```

```
@Value("${kafka.buffer_memory_config}")
private String buffer_memory_config;

@Bean
public KafkaTemplate getKafkaTemplate(){
    Map<String,Object> configs = new HashMap<>();
    configs.put(ProducerConfig.BOOTSTRAP_SERVERS_CONFIG,bootstrap_servers);
    configs.put(ProducerConfig.RETRIES_CONFIG,retries_config);
    configs.put(ProducerConfig.BATCH_SIZE_CONFIG,batch_size_config);
    configs.put(ProducerConfig.LINGER_MS_CONFIG,linger_ms_config);
    configs.put(ProducerConfig.BUFFER_MEMORY_CONFIG,buffer_memory_config);
    /*设置发送到Kafka中的消息的Key/Value序列化类型，指定为<locationId:Integer,Value:
String>*/
    configs.put(ProducerConfig.KEY_SERIALIZER_CLASS_CONFIG, IntegerSerializer.class);
    configs.put(ProducerConfig.VALUE_SERIALIZER_CLASS_CONFIG, StringSerializer.class);

    DefaultKafkaProducerFactory producerFactory = new DefaultKafkaProducerFactory(configs);
    KafkaTemplate kafkaTemplate = new KafkaTemplate(producerFactory);
    return kafkaTemplate;
    }
}
```

6. 广告流量实时发送

广告流量实时发送使用了定时任务调度器（ScheduledExecutorService）来定期执行写入操作。通过间隔一个小时读取一次广告日志文件，并用线程的休眠控制数据发送的速率，模拟真实场景下的实时数据流。

```
import org.springframework.beans.factory.annotation.Autowired;
import org.springframework.kafka.core.KafkaTemplate;
import org.springframework.scheduling.annotation.Scheduled;
import org.springframework.stereotype.Component;
import java.io.BufferedReader;
import java.io.File;
import java.io.FileInputStream;
import java.io.InputStreamReader;
@Component
public class Producer {
    @Autowired
    private KafkaTemplate kafkaTemplate;
    //代码中使用@Scheduled注解指定每隔一个小时执行一次，初始延迟为10 s的任务
    @Scheduled(initialDelay = 10000,fixedDelay = 10000*60)
    public void sendData() throws Exception {
        BufferedReader br=null;
        try {
            File file = new File("./data/raw_sample.csv");
            br = new BufferedReader(new InputStreamReader(new FileInputStream(file))) ;
            String line = null;
```

```
        String[] advertiseData = null;
        //过滤掉第一行标题
        line = br.readLine();
        for ( line = br.readLine(); line != null; line = br.readLine()){
            kafkaTemplate.send("advertise",   line);
            Thread.sleep(6000);
        }
    }catch(Exception e){
        e.printStackTrace();
    }finally   {
        if(br!=null)
            br.close();
    }
    }
}
```

📖 **说明**：@Scheduled 注解表示定时任务，initialDelay 参数表示第一次延迟多长时间后再执行，fixedDelay 表示上一次开始执行时间点之后多长时间再执行。@Scheduled(initialDelay = 10000,fixedDelay = 10000*60); 表示第一次延迟 10 s 后执行，之后按 fixedDelay 的规则每隔 1 h 执行一次。

6.4.5 实时分析

电商广告点击实时分析主要包括时间维度、省份维度和广告类维度的统计分析。按照时间顺序依次均等地在时间点上统计上一个时间片段的点击数量；按照省份统计广告点击量的排行榜；按照省份和广告实现分类统计。

1. 创建实时分析模块

在 advertisementproject 父工程中添加名为 advertisementprocess 的 Maven 子模块，用于实现数据的实时分析。

2. 添加依赖包

advertisementprocess 模块的主要目标是实现广告流量的实时分析，需要引入 Spark Core、Spark Streaming、Kafka 等相关依赖。为了添加这些依赖，需要在 advertisementproject/advertisementprocess 目录下的 pom.xml 文件中添加相关依赖包。

```xml
<dependencies>
    <dependency>
        <groupId>org.apache.spark</groupId>
        <artifactId>spark-core_2.12</artifactId>
        <version>${spark.version}</version>
    </dependency>
    <dependency>
        <groupId>org.apache.spark</groupId>
```

```
        <artifactId>spark-sql_2.12</artifactId>
        <version>${spark.version}</version>
    </dependency>
    <!--Spark Streaming模块的依赖包-->
    <dependency>
        <groupId>org.apache.spark</groupId>
        <artifactId>spark-streaming_2.12</artifactId>
        <version>${spark.version}</version>
    </dependency>
    <!--Spark Streaming集成Kafka的依赖包-->
    <dependency>
        <groupId>org.apache.spark</groupId>
        <artifactId>spark-streaming-kafka-0-10_2.12</artifactId>
        <version>${spark.version}</version>
    </dependency>
    <!--Spark SQL集成Kafka的依赖包-->
    <dependency>
        <groupId>org.apache.spark</groupId>
        <artifactId>spark-sql-kafka-0-10_2.12</artifactId>
        <version>${spark.version}</version>
    </dependency>
    <dependency>
        <groupId>mysql</groupId>
        <artifactId>mysql-connector-java</artifactId>
        <version>8.0.15</version>
    </dependency>
</dependencies>
```

3. 定义工具类

通过 Spark Streaming 整合 Kafka，实时接收广告日志信息以进行统计分析，并将结果写入 MySQL 数据库。为了更方便地连接和操作数据库，创建了一个名为 DBHelp 的抽象类。

```
abstract class DBHelp(sql: String) extends ForeachWriter[Row] {
//定义数据库连接信息
val url = "jdbc:mysql://192.168.198.101:3306/advertisedb?characterEncoding=utf8&useSSL=false& rewrite
BatchedStatements=true"
    val username = "root"
    val password = "123456"

    var conn: Connection = _
    var ps: PreparedStatement = _
    //执行SQL语句操作，接收一个Row类型的参数
    def executeSQL(sql: String, row: Row)

    //创建数据库连接对象
    override def open(partitionId: Long, version: Long): Boolean = {
      conn = DriverManager.getConnection(url, username, password)
      true
```

```
    }
    //执行SQL语句操作
    override def process(value: Row): Unit = {
      executeSQL(sql,value)
    }
    //关闭数据库连接
    override def close(errorOrNull: Throwable): Unit = {
      if (ps != null)
        ps.close()
      if (conn != null)
        conn.close()
    }
    //执行单条SQL语句插入操作
    def executeUpdate(sql: String, params: ArrayBuffer[Any]): Int = {
      var rtn = 0
      var pstmt: PreparedStatement = null
      try {
        conn.setAutoCommit(false)
        pstmt = conn.prepareStatement(sql)
        if (params != null && params.length > 0) for (i <- params.indices) {
          pstmt.setObject(i + 1, params(i))
        }
        rtn = pstmt.executeUpdate()
        conn.commit()
        pstmt.close()
      } catch {
        case e: Exception => e.printStackTrace()
      }
      rtn
    }
}
```

4. 依据时间顺序依次均等地在时间点上统计上一个时间片段的点击量

在 advertisementproject 模块 org.example.analyze 包下创建 AdvertiseHourAnalyze 伴生对象，用于实现不同时段用户广告点击量的分析。任务实现过程如下所示。

（1）使用 Spark Streaming 和 Kafka 整合，启动消费者，实时接收生产者发送的消息。

```
case class log(key: String,value:String)
  case class
Advertisement(userId:String,clicktime:String,adgroupId:String,click:Integer,province:String)
  val formatter :SimpleDateFormat= new SimpleDateFormat("yyyy-MM-dd HH:mm:ss");
def main(args: Array[String]): Unit = {
    //创建SparkSession对象
    val spark: SparkSession = SparkSession.builder().master("local[*]")
      .appName("AdvertiseHourAnalyze").getOrCreate()

    import spark.implicits._
```

```
        //Spark Streaming整合Kafka接收生产者发送的消息
        val kafkaDF: Dataset[Advertisement] = spark.readStream
          .format("kafka")
          .option("kafka.bootstrap.servers", "node01:9092,node02:9092,node03:9092")
          .option("subscribe", "advertise")
          .load()
          .as[log]
          .map(_.value.split(","))
          .map(v=>Advertisement(v(0),getDateTime(v(1)),v(2),v(3).toInt,v(4)))
    }
    /**
      * 将秒级时间戳转换为日期
      * @param timestamp：字符串类型的秒级时间戳
      * @return
      */
    private def getDateTime(timestamp: String): String = {
        val date: Long = timestamp.toLong
        val date_time: String = formatter.format(new Date(date * 1000L))
        date_time
      }
```

📖 **说明**：getDataTime 方法主要功能是将时间戳转换为 yyyy-MM-dd HH：mm：ss 的格式，以便于后续的数据分析操作。

（2）实现不同时段用户广告点击量的统计分析。

```
// 实时获取用户点击的广告数据信息
      val advertiseDataFrame: DataFrame = kafkaDF.
        select('userId,'clicktime,'adgroupId,'click,'province)
      // 注册临时表
      advertiseDataFrame.createOrReplaceTempView("tmp_ad_click_count_by_hour")
      // 通过Spark SQL对实时获取的数据信息进行分组统计
      val provinceTop3AdDF = spark.sql(
        """
          |select substring(clicktime,12,2) hour,sum(click) clickcount
          |from tmp_ad_click_count_by_hour
          |group by substring(clicktime,12,2)
        |""".stripMargin)
```

（3）将分析结果写入数据库。

```
provinceTop3AdDF.writeStream
      .foreach(new DBHelp("replace into tbl_ad_hour_click (hour,clickcount)" +
        " values(?,?)") {
        override def executeSQL(sql: String, row: Row): Unit = {
          val hour: String = row.getAs[String]("hour")
          val clickcount: Long = row.getAs[Long]("clickcount")
          var parameters:ArrayBuffer[Any] = ArrayBuffer[Any]()
          parameters.append(hour)
          parameters.append(clickcount)
```

```
        executeUpdate(sql,parameters)
      }
    })
    .outputMode("update")
    .trigger(Trigger.ProcessingTime(0))
    .option("truncate",false)
    .start()
    .awaitTermination()
```

5. 统计广告点击量各大省份排行榜

在 advertisementproject 模块 org.example.analyze 包下创建 AdvertiseProvinceAnalyze 伴生对象，用于实现不同省份广告点击量的实时排行。任务实现过程如下所示。

（1）使用 Spark Streaming 和 Kafka 整合，启动消费者，实时接收生产者发送的消息，代码可参考本章上述 Spark Streaming 整合 Kafka 接收数据代码。

（2）实时统计广告点击量各大省份排行榜。

```
// 获取用户点击的广告数据信息
val advertiseDataFrame: DataFrame = kafkaDF.
    select('userId,'clicktime,'adgroupId,'click,'province)
// 注册临时表     advertiseDataFrame.createOrReplaceTempView("tmp_ad_click_count_by_prov")
// 采用Spark SQL实现实时统计分析
val provinceTop3AdDF : DataFrame = spark.sql(
    """
      |select province,sum(click) clickcount
      |from tmp_ad_click_count_by_prov
      |group by province
      |""".stripMargin)
```

（3）将分析结果写入数据库。

```
provinceTop3AdDF.writeStream
    .foreach(new DBHelp("replace into tbl_ad_province_click (province,clickcount)" +
    " values(?,?)") {
      override def executeSQL(sql: String, row: Row): Unit = {
        val province: String = row.getAs[String]("province")
        val clickcount: Long = row.getAs[Long]("clickcount")
        var parameters:ArrayBuffer[Any] = ArrayBuffer[Any]()
        parameters.append(province)
        parameters.append(clickcount)
        executeUpdate(sql,parameters)
      }
    })
    .outputMode("update")
    .trigger(Trigger.ProcessingTime(0))
    .option("truncate",false)
    .start()
    .awaitTermination()
```

6. 统计不同省份不同广告点击量的排行榜

在 advertisementproject 模块 org.example.analyze 包下创建 AdvertiseProvinceADAnalyze 伴生对象，用于实现不同省份广告点击量的实时排行。任务实现过程如下所示。

（1）使用 Spark Streaming 和 Kafka 整合，启动消费者，实时接收生产者发送的消息。

```
object AdvertiseProvinceADAnalyze extends Serializable {
//定义数据结构
case class State(province: String, adIdCounts: mutable.Map[String, Long])
case class log(key: String, value: String)
case class Advertisement(timeStamp:Timestamp, province:String, adId:String, userid:String, clk: Long)
case class Update(province: String, adId: String, count: Long)

def main(args: Array[String]): Unit = {
//创建SparkSession对象，并设置日志级别
val spark: SparkSession = SparkSession.builder()
  .appName("AdvertiseProvinceAnalyze").getOrCreate()
val sc: SparkContext = spark.sparkContext
sc.setLogLevel("WARN")
//导入Spark隐式转换
import spark.implicits._
//使用Spark Streaming从Kafka中读取广告数据，将读取到的数据按照指定格式进行解析和转换
val adData = spark.readStream
  .format("kafka")
  .option("kafka.bootstrap.servers",
"192.168.198.101:9092,192.168.198.102:9092,192.168.198.103: 9092")
  .option("subscribe", "advertise")
  .load()
  .as[log]
  .map(_.value.split(","))
  .map(v => Advertisement(getTimepstamp(v(1)), v(4),v(2),v(0),v(3).toLong)))
}
```

（2）不同省份广告点击量的实时排行。

```
//将获取的数据按照省份进行分组，返回一个以省份为键的KeyValueGroupedDataset对象
val adDataByProvince = adData.groupByKey(event => (event.province))
//对按省份分组的广告数据进行状态更新操作，将更新后的结果作为Dataset[Update]返回
val adFlatMapGroupsWithState:Dataset[Update] = adDataByProvince
  .flatMapGroupsWithState(outputMode = OutputMode.Update(), timeoutConf = GroupStateTimeout.
NoTimeout())(topNCountPerProvince)

/**
  * 实时统计每个省份不同广告的点击量，并将计算结果更新到状态中
  * @param Province：省份名称
  * @param events：广告数据迭代器
  * @param state：GroupState对象（state）
  * @return
  */
def topNCountPerProvince(Province:String, events: Iterator[Advertisement], state: GroupState[State]):
```

```
Iterator[Update] ={
        //如果state存在，则将其赋给oldState，否则创建一个新的State对象，新创建的对象包括省份名称
和一个广告点击量计数映射
        val oldState = if (state.exists) state.get else State(Province, mutable.Map[String, Long]())
        //声明变量，存储不同广告的计数映射
        val cityMaps = oldState.adIdCounts
        //将events转换为序列，并按广告ID进行分组，得到一个广告ID到广告数据列表的映射
        events
          .toSeq
          .groupBy(events => events.adId)
          .map(f => (f._1,f._2))
          .foreach(v => { //根据广告ID进行遍历，v表示每个广告ID对应的广告数据列表
            val city = v._1 //获取广告ID
            val count = v._2.map(x=>x.clk)
                          .reduce(_ + _)    //获取广告点击数量总数
            //判断cityMaps是否包含该广告ID，如果存在，则更新其点击数量总数
            //如果不存在，则使用getOrElseUpdate方法添加该键值对
            if (cityMaps.contains(city)){
              cityMaps(city) += count
            }else{
              cityMaps.getOrElseUpdate(city,count)
            }
          })
        //创建包含省份名称和更新后cityMaps的State对象
        val newState = State(Province, cityMaps)
        //state对象更新为最新的状态
        state.update(newState)

        val output = cityMaps.groupBy(_._2)
          .toList
          .sortWith(_._1 > _._1)
          .take(3) //查询结果排行Top3的广告信息，此参数值可以根据需要进行修改
          .flatMap(f => f._2.toSeq)
          .map(v => Update(Province, v._1, v._2))

        output.toIterator
}
```

（3）将分析结果写入数据库。

```
adFlatMapGroupsWithState.toDF("province","adId","count").writeStream
    .foreach(new DBHelp("replace into tbl_daily_ad_click_prov (province,adId,count)" +
    " values(?,?,?)") {
        override def executeSQL(sql: String, row: Row): Unit = {
          val province: String = row.getAs[String]("province")
          val adId : String = row.getAs[String]("adId")
          val count: Long = row.getAs[Long]("count")

          var parameters:ArrayBuffer[Any] = ArrayBuffer[Any]()
          parameters.append(province)
```

```
            parameters.append(adId)
            parameters.append(count)

            executeUpdate(sql,parameters)
        }
    })
    .outputMode("update")
    .trigger(Trigger.ProcessingTime(0))
    .option("truncate",false)
    .start()
    .awaitTermination()
```

6.4.6　可视化展示

基于广告流量数据的实时分析可视化展示，在 Spring Boot 和 MyBatis 企业级框架的支持下，结合 Echarts 库和 Ajax 异步请求技术，通过柱状图、折线图等不同图形形式展示了广告流量实时分析的各个维度。

1. 创建可视化展示模块并添加依赖包

在 advertisementproject 父工程下新建子模块 advertisementweb，修改 advertisementproject/advertisementweb 目录下的 pom.xml 文件，添加 Spring Boot、MyBatis 企业级框架的核心依赖包，可参考第 4 章 4.4.5 "可视化展示" 中相关代码部分。

2. 配置 Spring Boot 全局属性文件

在 advertisementweb 子模块的 resources 文件夹中配置 application.yml 文件，可以配置服务器端口号、热部署功能、数据库连接信息以及 MyBatis 的相关配置。

```
server:
  port: 8085
spring:
  devtools:
    remote:
      restart:
        enabled: true
    restart:
      additional-paths: houseweb/src/main/java
      exclude: static/**
  datasource:
    driver-class-name: com.mysql.cj.jdbc.Driver
    url:
jdbc:mysql://192.168.198.101:3306/advertisedb?characterEncoding=utf8&useSSL=false&server Timezone=
UTC&rewriteBatchedStatements=true
    username: root
    password: 123456

  mybatis:
```

```
mapperLocations: classpath:mapper/*.xml
    configuration:
cache-enabled: true
```

3. 数据库访问层

在advertisementweb子模块的org.example.mapper下创建一个名为AdvertisementMapper的接口。AdvertisementMapper接口中定义了一些抽象方法,用于查询广告流量不同维度的实时分析结果。

```
@Repository
public interface AdvertisementMapper {
    //查询广告点击量各大省份排行榜分析结果
    List<Map<String,Object>> getAdClickProvinceData();
    //查询省份和广告分类统计结果
    List<Map<String, Object>> getAdTop3ProvinceData(@Param("province") String province);
    //查询按照时间顺序依次均等地在时间点上统计上一个时间片段的点击数量实时分析结果
    List<Map<String, Object>> getAdTimeData();
}
```

4. 前端控制器层

在 advertisementweb 子模块的 org.example.controller 包下创建一个名为 Advertisement
Controller 的前端控制器类,AdvertisementController 类负责处理广告流量不同维度分析结果
的前端请求查询操作。前端控制器（AdvertisementController）接收到客户端发出的请求后,
会调用数据库访问层中的查询方法。然后,将查询结果封装为 HttpResponseEntity 对象,并
将其转换为 JSON 格式的数据返回给客户端。

```
@RestController
@RequestMapping("/advertisement")
public class AdvertisementController {
    private final Logger logger = LoggerFactory.getLogger(AdvertisementController.class);
    @Autowired
    private AdvertisementMapper advertisementMapper;

    //处理前端请求查询广告点击量各大省份排行榜分析结果
    @RequestMapping(value ="/getAdClickProvince")
    public HttpResponseEntity getAdClickProvince(){
        HttpResponseEntity httpResponseEntity = new HttpResponseEntity();
        List<Map<String,Object>> data = advertisementMapper.getAdClickProvinceData();
        httpResponseEntity.setCode(Constans.SUCCESS_CODE);
        httpResponseEntity.setData(data);
        httpResponseEntity.setMessage("success");
        return httpResponseEntity;
    }

    //处理前端查询省份和广告分类统计结果
    @RequestMapping(value="/getAdTop3Province")
    public HttpResponseEntity getAdTop3Province(String province){
        HttpResponseEntity httpResponseEntity = new HttpResponseEntity();
```

```
        List<Map<String, Object>> data =  advertisementMapper.getAdTop3ProvinceData(province);
        httpResponseEntity.setCode(Constans.SUCCESS_CODE);
        httpResponseEntity.setData(data);
        httpResponseEntity.setMessage("success");
        return httpResponseEntity;
    }

//处理前端查询按照时间顺序依次均等地在时间点上统计上一个时间片段的点击数量实时分析结果
@RequestMapping(value = "/getAdTime")
public HttpResponseEntity getAdTime(){
    HttpResponseEntity httpResponseEntity = new HttpResponseEntity();
    List<Map<String, Object>> data =  advertisementMapper.getAdTimeData();
    httpResponseEntity.setCode(Constans.SUCCESS_CODE);
    httpResponseEntity.setData(data);
    httpResponseEntity.setMessage("success");
    return httpResponseEntity;
    }
}
```

5. 前端页面设计

在 advertisementweb 子模块的 resources/static/pages 文件夹下创建多个页面，用于不同维度的分析结果可视化展示。通过柱状图、折线图等不同图形表现方式，展示广告流量实时分析趋势变化分析。

1）依据时间顺序依次均等地在时间点上统计上一个时间片段的点击数量可视化展示

在 advertisementweb 子模块的 resources/static 文件夹下创建一个名为 ad_hour_page.html 的页面，用于显示不同时段用户广告点击量的分析结果。这个页面用折线图显示，实现代码可参考本书配套源码第 6 章中的相关代码，运行该页面后，显示效果如图 6-8 所示。

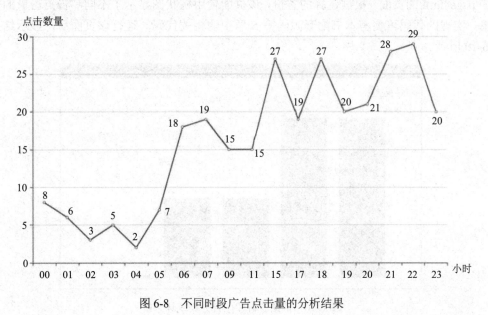

图 6-8　不同时段广告点击量的分析结果

2）各大省份广告点击量排行榜可视化展示

在 advertisementweb 子模块的 resources/static 文件夹下创建一个名为 ad_province_page.html 的页面，采用柱状图显示各大省份广告点击量排行榜的分析结果，实现代码可参考本书配套源码第 6 章中的相关代码，运行该页面后，显示效果如图 6-9 所示。

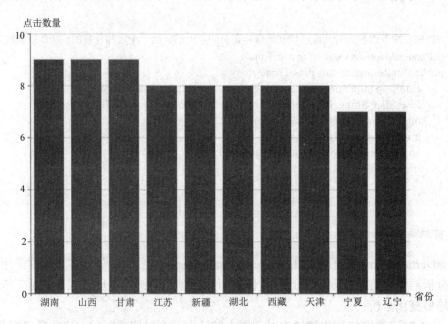

图 6-9 各大省份广告点击量排行榜实时分析

3）依据省份和广告分类统计可视化展示

在 advertisementweb 子模块的 resources/static 文件夹下创建一个名为 ad_province_top3_page.html 的页面。根据选择的省份，该页面使用柱状图显示了不同广告点击量的分析结果。实现的代码可参考本书配套源码第 6 章中的相关代码。运行该页面后，显示结果如图 6-10 所示。

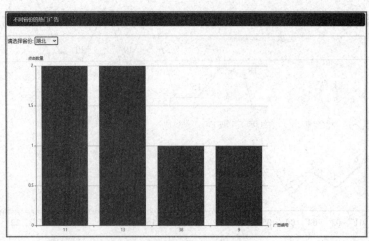

图 6-10 依据省份和广告分类统计分析

6.5　部　署　运　行

基于广告流量数据分析项目包含模拟数据生产模块（advertisementproducer）、数据实时分析模块（advertisementprocess）、数据实时分析可视化展示模块（advertisementweb）。项目编码测试完成后，需要进行打包，并将其部署到 Hadoop 大数据平台上运行。该项目部署运行的具体流程如下。

（1）启动 Hadoop、ZooKeeper、Kafka 服务。

（2）将模拟数据生产模块（advertisementproducer）编译、打包，生成名为 advertisementproducer-2.3.0.RELEASE.jar 包。将 advertisementproducer-2.3.0.RELEASE.jar 提交至虚拟机中的/opt/jar 目录下。另外，该案例的数据源文件也需要提交到 Hadoop 集群 node01 节点中的 opt/data 目录下。之后，执行如下命令，实时模拟发送数据的操作：

```
[root@node01 jar]# java -jar advertisementproducer-2.3.0.RELEASE.jar
```

（3）数据实时分析模块。

将基于广告流量数据实时分析模块 advertisementprocess 编译、打包，生成名为 advertisementprocess-1.0-SNAPSHOT.jar 的可执行文件。将 advertisementprocess-1.0-SNAPSHOT.jar 提交至 Hadoop 集群 node01 节点下的/opt/jar 目录中，并使用 YARN Client 模式运行。

① 使用 spark-submit 提交作业，实现不同时段广告点击量实时统计分析。

```
[root@node01 spark]#  ./bin/spark-submit  \
--class org.example.analyze.AdvertiseHourAnalyze  \
--master yarn  \
--deploy-mode client \
/opt/jar/advertisementprocess-1.0-SNAPSHOT.jar
```

作业执行完毕后，实现对不同时段广告点击量的实时统计分析，并将分析结果写入 MySQL 数据库。

② 使用 spark-submit 提交作业，实现各大省份广告点击量排行榜实时统计分析。

```
[root@node01 spark]#  ./bin/spark-submit  \
--class org.example.analyze.AdvertiseProvinceAnalyze  \
--master yarn  \
--deploy-mode client \
/opt/jar/advertisementprocess-1.0-SNAPSHOT.jar
```

作业执行完毕后，实现对各大省份广告点击量排行榜的实时统计分析，并将分析结果写入 MySQL 数据库。

③ 使用 spark-submit 提交作业，实现不同省份和广告分类实时统计。

```
[root@node01 spark]#  ./bin/spark-submit  \
--class org.example.analyze.AdvertiseProvinceADAnalyze  \
--master yarn  \
```

```
--deploy-mode client \
/opt/jar/advertisementprocess-1.0-SNAPSHOT.jar
```

作业执行完毕后，实现对不同省份和广告分类的实时统计分析，并将分析结果写入
MySQL 数据库。

④ 数据实时分析结果可视化展示。

将数据分析可视化展示模块 advertisementweb 进行编译，并打包成名为
advertisementweb-1.0-SNAPSHOT.war 的 war 包。然后将 war 包复制到 Hadoop 集群 node01
节点上 Tomcat 安装目录下的 webapps 文件夹中，当 Tomcat 服务器启动后，
advertisementweb-1.0-SNAPSHOT.war 会自动解压为 advertisementweb-1.0-SNAPSHOT 文件
夹。接着，将该文件夹重命名为 advertisementweb，如图 6-11 所示。

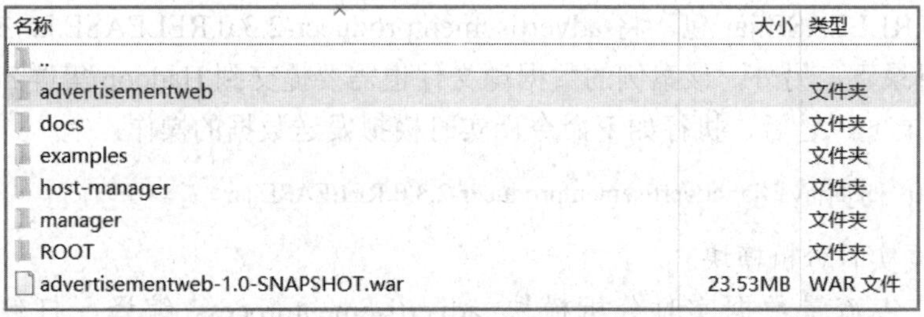

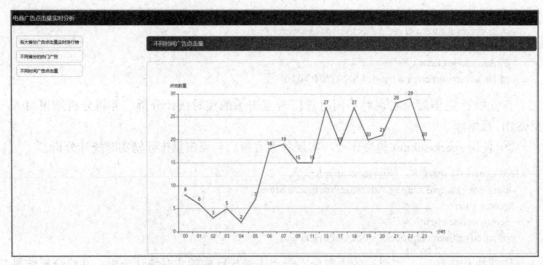

名称	大小	类型
..		
advertisementweb		文件夹
docs		文件夹
examples		文件夹
host-manager		文件夹
manager		文件夹
ROOT		文件夹
advertisementweb-1.0-SNAPSHOT.war	23.53MB	WAR 文件

图 6-11　advertisementweb 部署 Tomcat 服务器

启动 Tomcat 服务器后，通过在浏览器中输入地址：http://192.168.198.101:8080/
advertisementweb/，可以看到如图 6-12 所示的运行结果。

图 6-12　基于广告流量数据实时分析可视化展示首页面

本 章 小 结

本章主要介绍了基于广告流量数据实时分析所需掌握的相关知识：

Kafka 和 Spark Streaming 的相关概念、体系架构以及 Spark Streaming 整合 Kafka 的操作。随后，介绍了基于广告流量数据实时分析的任务实现，包括系统的架构设计、系统设计思路，以及模拟数据的实时发送和实时分析，并展示了不同维度分析结果的可视化展示。最后，成功完成了项目的部署和运行。

本 章 练 习

1. 选择题

（1）Spark Streaming 用来处理哪种类型的数据？（　　）

  A. 静态数据　　　B. 实时数据　　　C. 批处理数据　　　D. 数据仓库数据

（2）Spark Streaming 支持哪种类型的数据源？（　　）

  A. 文件系统　　　B. 套接字　　　C. Kafka　　　D. 所有上述

（3）Spark Streaming 的基本原理是将实时输入数据流以时间片为单位进行拆分，最小的时间片处理单位为（　　）。

  A. 毫秒级　　　B. 秒级　　　C. 分钟级　　　D. 小时级

（4）Spark Streaming 的核心概念之一是什么？（　　）

  A. 批处理　　　B. 数据仓库　　　C. 微批处理　　　D. 数据湖

（5）使用 Spark Streaming 实现数据实时分析一般需要哪些步骤？（　　）

① 创建 StreamingContext 对象；

② 创建 InputDStream；

③ 应用转换和输出操作；

④ 启动 StreamingContext；

⑤ 等待流处理结束。

  A. ①②③④⑤　　　　　　　　B. ①③②⑤④

  C. ③①④②⑤　　　　　　　　D. ④①②③⑤

2. 编程题

结合本章的广告流量数据实时获取的数据源，编程实现以下两个小题。

（1）实时统计每天各地区各广告的点击总流量。

（2）将每天对某个广告点击超过 50 次的用户拉黑，并将黑名单保存到 MySQL 数据库中，实现实时动态检测黑名单机制。

第 6 章答案

第**7**章

基于多元分析的电影智能推荐系统

7.1 项目背景

随着信息化生态体系的形成，社会生活与产业结构都发生了巨大的变化。电影产业作为人们日常消费和娱乐的一种形式，其商业化营运的形式和内容逐渐转向数字化、网络化、智能化、个性化。以电影 App、电影网站、各种自媒体平台为主体的数字化网络电影平台正逐步应用信息技术，为观众提供基于个性化需求的观影体验服务。

基于多元分析的电影智能推荐系统能够为观众提供更加精准的电影推荐，满足不同观众的个性化需求，提升用户忠诚度和平台的市场竞争力。

7.2 实现任务

基于多元分析的电影智能推荐系统以观众对影片的评分为依据，应用协同过滤推荐算法为观众推荐最符合其个性化需求的电影。为了解决系统过滤算法中的冷启动问题，系统对影视平台电影数据进行了历史以及最近评分的统计计算。通过完成以上统计分析，电影智能推荐系统可以更好地理解观众和电影之间的关系，为每位观众推荐最符合其个性化需求的电影，从而提高推荐准确性和用户满意度。

7.3 技术准备

第 7 章案例代码

7.3.1 实验环境

本系统所用到的软件环境以及版本如下所示：

（1）操作系统：Windows 10、Windows 11、macOS、Ubuntu、CentOS 等；

（2）开发工具：IDEA IntelliJ；

（3）大数据开发平台：Hadoop（3.1.2 及以上版本）；

（4）分布式计算框架：Spark（3.0.0 及以上版本）；

（5）Web 服务器：Tomcat；

（6）Java EE 企业级框架：Spring Boot（2.0.4 及以上版本）、MyBatis；

（7）关系型数据库：MySQL（8.0 及以上版本）。

7.3.2　交替最小二乘推荐算法

本案例数据集采用 GroupLens 提供的 MovieLens 数据，该数据集中包含了 3883 条电影信息，以及 6040 个用户对 3070 部电影 100 多万条评分记录。电影数据模型如表 7-1 所示，主要包含了电影编号、电影名、电影分类等特征列。用户对电影的评分数据模型如表 7-2 所示，主要包含了用户编号、电影编号、用户评分以及评分的时间戳等特征列。

表 7-1　电影数据模型表

字　段　名	字　段　类　型	字　段　描　述	字　段　备　注
movieId	Int	电影 ID	
movieName	String	电影名	
categories	Double	电影类别	每一项用 ":: " 分隔

表 7-2　用户评分数据模型表

字　段　名	字　段　类　型	字　段　描　述	字　段　备　注
userId	Int	用户 ID	
movieId	Int	电影 ID	
rating	Double	商品的分值	
timestamp	Long	评分的时间	

本案例的数据集中只记录了用户对电影的评分信息，没有包含用户的信息，也没有提供电影的详细信息。现在需要根据两个用户对看过的电影的评分来判断他们可能喜欢哪些电影。为了解决这个问题，通常采用协同过滤算法。协同过滤是一种基于用户行为的推荐算法，它通过挖掘用户之间的相似性来进行个性化的推荐。

MovieLens 数据集包含了 100 多万条用户对电影的评分记录，看起来很大，但从另一方面来看数据集是稀疏的，虽然电影的数量很多，但有的用户只对个别电影进行点评，鉴于此种情况，同样也希望能给出更好的推荐；另外，也希望推荐算法的扩展性好，不但能用于构建大型模型，而且推荐速度快。本实例将用到潜在因素模型。

潜在因素模型在数据挖掘领域是一种被广泛应用的模型，它主要用于解释用户和电影之间的交互关系，试图通过一些未被观察到但数量相对较少的底层原因来解释用户对电影的评分或喜好。通常可以将这个模型类比为一个解谜游戏，用户和电影之间的交互就像一张已经完成的拼图，而潜在因素模型则是帮助寻找这些拼图背后隐藏的底层原因。这些底层原因可能代表了电影的类型、剧情、演员或用户的喜好、兴趣等。虽然这些原因没有直接觉察到，但它们对于解释用户和电影之间的交互起到了重要作用。

矩阵分解是潜在因素模型中常用的方法，在推荐系统中被广泛应用。基于矩阵分解的潜在因素模型从数学上分析，用户对电影的评分可以表示成如图 7-1 所示的 X 矩阵，矩阵上的第 n 行 m 列的值表示用户 n 对电影 m 的评分。矩阵因式分解是将一个大的矩阵 X 分解为两个小矩阵 U 和 V 的乘积。矩阵 $U(n \times k)$ 表示用户特征矩阵，每个用户有 k 个特征；矩阵 $V(k \times m)$ 表示每个物品也有 k 个特征描述。就是有 k 个隐向量特征，至于这 k 个隐向量是什么则不用关心（可能是标签、年龄、性别等），将每个用户和每个物品都用 k 维向量表示，用它们的内积近似为打分值。

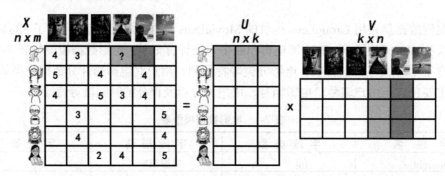

图 7-1　矩阵因式分解图

基于矩阵分解的潜在因素模型的目标是学习 U 和 V 使得预测评分矩阵 P 尽可能地接近真实评分矩阵 R，采用公式表示为 $X \approx UV^{\mathrm{T}}$，想直接求得 U 和 V 的最优解是非常困难的，如果 V 已知，计算 U 的最优解就比较容易，反之亦然。但是 U 和 V 都是未知的，在解决这个问题时可以采用交替最小二乘（alternating least squares，ALS）算法。最小二乘算法是在 Netflix 竞赛期间流行起来的，*Collaborative Filtering for Implicit Feedback Datasets* 和 *Large-scale Parallel Collaborative Filtering for the netflix prize* 两篇论文功不可没，Spark ALS 算法实现的思想就来源于这两篇论文。

计算过程中，虽然 V 是未知的，但是可以先把它初始化为随机向量矩阵，然后运用线性代数计算，就是在给定 X 和 V 的条件下求 U 的最优解。计算 U 的每一行可以表示为：

$$X_i V(V^{\mathrm{T}} V)^{-1} = U_i$$

两边精确相等是不可能的，实际计算的目标是最小化 $|X_i V(V^{\mathrm{T}} V)^{-1} - U_i|$ 的差值，或者最小化两个矩阵之间的平方误差，即：

$$\mathrm{minimize}\ \|X_i V(V^{\mathrm{T}} V)^{-1} - U_i\|^2$$

这就是算法名称中"最小二乘"的由来。同样，可以用 U 计算每个 V_j，然后又可以用 V 计算 U，这就是"交替"计算。计算的前提是 V 的值是随机生成的，也就是"假"的，只要这个过程不断交替执行，最终会收敛得到一个最优解。为了确保算法能够收敛得到一个最优解，可以设置一个终止条件，如达到最大迭代次数或误差变化率小于某个阈值时停止迭代。

Spark ALS 算法是一种基于交替最小二乘的协同过滤算法，通过迭代优化用户特征向量和物品特征向量，学习用户和物品的隐含特征表示，从而实现个性化的推荐。在 Spark

中 ALS 算法支持分布式计算,并且可以处理大规模的数据集,可以方便地实现个性化推荐。

7.4　过　程　实　现

7.4.1　架构设计

电影智能推荐系统主要采用了 Spark ALS 协同过滤推荐算法来实现个性化的电影推荐。整个系统的架构如图 7-2 所示。

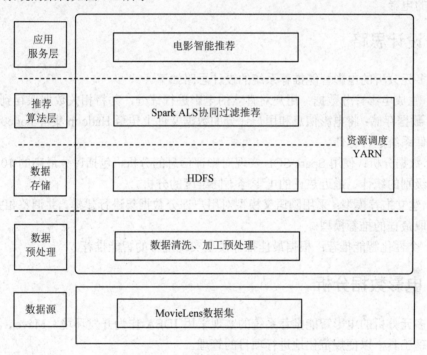

图 7-2　电影智能推荐系统架构

1. 数据获取

本案例数据集采用了 GroupLens 提供的 MovieLens 数据,其中包含了 3883 部电影信息,以及用户对电影的评分、电影类型等。

2. 数据预处理

在数据预处理阶段,需要对原始数据进行清洗、去重和删除冗余数据等操作,以确保分析结果的正确性。

3. 数据存储

数据存储选择了 Hadoop 分布式文件系统(HDFS)作为数据的存储介质。主要是因为 HDFS 具有高容错性、可靠性和可扩展性的特点,非常适合用于存储大规模的数据集。

4. 协同过滤推荐算法

离线电影智能推荐采用了 Spark ALS 实现。首先，进行数据集分隔，将数据集分隔为训练集、验证集和测试集；其次，训练模型，调整参数以构建最优模型；最后，根据用户对电影的评分智能推荐电影。

5. 应用服务层

在应用服务层，将推荐结果展示给用户。可以通过 Web 应用或移动应用等界面的形式，将推荐结果以列表、卡片或其他形式呈现给用户。用户可以按照自己的兴趣和喜好，选择观看推荐的电影。

7.4.2 设计思路

基于多元分析的电影智能推荐系统的设计思路如下。

（1）生成电影评分数据：用户对喜欢的电影进行评分，并将相关数据保存到文件中。

（2）数据存储：将电影信息和用户评分的数据文件上传至 Hadoop 集群 node01 节点的分布式文件系统进行存储。

（3）数据分析：使用 Spark SQL 实现对影评信息的分析，包括评分最高的 10 部电影、不同评分级别的统计、最近热评的电影等不同维度的分析。

（4）建立推荐模型：采用隐语义模型对用户评分数据集进行建模，并调整相关的模型参数以获取最佳的推荐模型。

（5）个性化智能推荐：根据最佳推荐模型实现电影的智能推荐。

7.4.3 电影数据分析

基于多元分析的电影智能推荐系统的实现采用 IDEA 作为开发环境，Maven 作为项目构建和管理工具，以便规范化地进行项目的管理。

1. 创建 Maven 项目

使用 IDEA 创建一个名为 movierecommendproject 的 Maven 项目，作为基于多元分析的电影智能推荐系统的父工程，实现项目规范化管理。在 movierecommendproject 中添加名为 movieprocess 的 Maven 子模块，用于实现电影评分的离线分析，movieprocess 模块的主框架如图 7-3 所示。

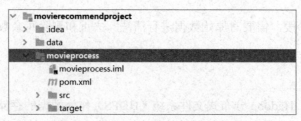

图 7-3 电影评分的离线分析项目框架

2. 添加项目依赖

movieprocess 模块的主要目标是采用 Spark SQL 实现对影视平台电影数据进行历史和最近评分的统计分析。分析完成后，结果写入 MySQL 数据库。为了实现此功能，需要修改 movierecommendproject/movieprocess 目录下的 pom.xml 文件，添加 Spark Core、Spark SQL 等相关依赖包。

```xml
<dependencies>
    <dependency>
        <groupId>org.apache.spark</groupId>
        <artifactId>spark-core_2.12</artifactId>
        <version>${spark.version}</version>
    </dependency>
    <dependency>
        <groupId>org.apache.spark</groupId>
        <artifactId>spark-yarn_2.12</artifactId>
        <version>${spark.version}</version>
    </dependency>
    <dependency>
        <groupId>org.apache.spark</groupId>
        <artifactId>spark-sql_2.12</artifactId>
        <version>${spark.version}</version>
    </dependency>
    <dependency>
        <groupId>mysql</groupId>
        <artifactId>mysql-connector-java</artifactId>
        <version>${mysql.verion}</version>
    </dependency>
</dependencies>
```

3. 加载数据

电影离线分析所使用的数据文件包括电影数据文件（movies.dat）和电影评分文件（ratings.dat）。movies.dat 文件包含 3 个字段：电影编号、电影名称和电影类型，每个字段之间使用 "::" 符号进行分隔。而 ratings.dat 文件包含 4 个字段：用户编号、电影编号、评分和时间戳，同样也是使用 "::" 符号进行分隔。

在 movierecommendproject 父工程下新建一个名为 data 的文件夹，并将电影数据文件（movies.dat）和电影评分文件（ratings.dat）复制到 data 文件夹下。编码测试阶段实现的各维度数据分析所需的数据集从这个目录下获取。

在 movieprocess/src/main/ 目录下创建一个名为 MovieSql 的伴生对象，位于 cn.sparksql.process 包中。该伴生对象主要实现加载电影离线分析的数据源，并将其转换为 DataFrame 对象。

```
package cn.sparksql.process
import java.text.SimpleDateFormat
import java.util.Date
```

```
import org.apache.spark.SparkConf
import org.apache.spark.sql.{SaveMode, SparkSession}
/*加载电影离线分析的数据源，将其转换为DataFrame对象，并注册为临时表，供后续查询使用*/
object MovieSql extends    Serializable {
    def main(args: Array[String]): Unit = {
        //创建Spark对象，设置本地模式和应用程序名称
        val sparkConf = new SparkConf().setMaster("local[*]").setAppName("SparkSql")
        //创建SparkSession对象
        val spark = SparkSession.builder().config(sparkConf).getOrCreate()
        //导入隐式转换，可以使用DataFrame的各种操作
        import spark.implicits._
        //声明变量，保存电影评分和电影信息文件路径
        val ratingFile = "./data/ratings.dat"
        val movieFile = "./data/movies.dat"
        /**
    使用SparkContext的textFile方法读取电影数据集，将每行数据按照"::"进行分隔，并映射为元组
形式，然后转换为DataFrame对象
        */
        val movieRDD = spark.sparkContext.textFile(movieFile)
        val movieDF = movieRDD.map{
            line =>
                val fields = line.split("::")
                (fields(0).toInt,fields(1),fields(2))
        }.toDF("movieid","moviename","type")
        println("count:" + movieDF.count())
        /**
    使用SparkContext的textFile方法读取电影评分数据集，将每行数据按照"::"进行分隔，并映射为
元组形式，然后转换为DataFrame对象
        */
        val ratingRDD = spark.sparkContext.textFile(ratingFile)
        val ratingDF = ratingRDD.map{
            line =>
                val fields = line.split("::")
                (fields(0).toInt,fields(1).toInt,fields(2).toInt,fields(3).toLong)
        }.toDF("userid","movieid","rating","timestamp")
        //注册临时表
        movieDF.createOrReplaceTempView("tbl_movie")
        ratingDF.createOrReplaceTempView("tbl_movie_rating")
        //停止SparkSession的运行
spark.stop()
}
```

4. 历史评分最高的 10 部电影离线分析

通过 Spark SQL 读取电影数据集，根据电影编号分组统计用户评分的均值，按照评分的均值降序排列，获取排名前 10 的电影编号。接下来，关联电影信息数据源，查询评分最高的 10 部电影名称。最后，将查询结果写入 MySQL 数据库，保存评分最高的 10 部电影的相关信息。

```
//统计评分最高的10部电影
    val rateMoreMovies =spark.sql(
      """
        |select m.movieid,moviename from tbl_movie m,
        |(
        |select movieid,sum(rating) as count
        |from tbl_movie_rating
        |group by movieid
        |order by count desc ) r
        |where m.movieid = r.movieid
        |limit 10
        |
        |""".stripMargin)
//显示分析结果
rateMoreMovies.show(10)
    //分析结果写入MySQL数据库
    rateMoreMovies.write
      .format("jdbc")
      .option("url","jdbc:mysql://192.168.198.101:3306/moviedb")
      .option("driver","com.mysql.cj.jdbc.Driver")
      .option("user","root")
      .option("password","123456")
      .option("dbtable","tbl_top_rate_movies")
      .mode(SaveMode.Overwrite)
      .save()
```

运行代码，历史评分最高的 10 部电影统计分析结果如图 7-4 所示。

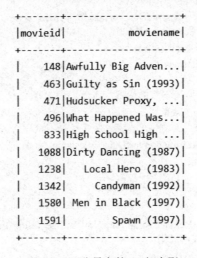

图 7-4　评分最高的 10 部电影

5. 各级别评分的电影数量统计

根据用户对电影的评分进行分组统计，计算不同评分对应的电影数量。

```
//各级别评分分组统计
```

```
    val ratingStage = spark.sql(
      """
        |select rating,count(*) as num from tbl_movie_rating
        |group by rating
        |""".stripMargin)
ratingStage.show(10)
```

运行代码，各级别评分的电影数量统计分析结果如图 7-5 所示。

```
+------+------+
|rating|   num|
+------+------+
|     1| 56174|
|     3|261197|
|     5|226310|
|     4|348971|
|     2|107557|
+------+------+
```

图 7-5   各级别不同评分统计结果

6. 统计最近评分次数最多的热门电影

根据用户评分，以月为单位，计算最近月份中评分次数最多的电影。通过 Spark SQL 读取评分数据集，并通过 UDF 函数将评分数据的时间修改为按月计算。然后，统计每月电影的评分次数，统计完成之后将分析结果写入 MySQL 数据库。

```
//统计最近时间评分次数最多的10部电影
val simpleDateFormat = new SimpleDateFormat("yyyyMM")
//注册UDF函数，将时间戳转换为MMdd
spark.udf.register("convertDate",(x:Int)=>
  simpleDateFormat.format(new Date(x * 1000L)).toInt
)
//将数据源中的时间戳转换为年月的格式
val ratingsConvertDF= spark.sql(
  """
    |select userid,movieid,rating,convertDate(timestamp) as date
    |from tbl_movie_rating
    |order by date desc
    |""".stripMargin)
//注册为临时表
ratingsConvertDF.createOrReplaceTempView("tbl_movie_rating_date")
// 最近热门电影评分的SQL语句
val ratingLastMovieDF = spark.sql(
  """
    |select m.movieid,m.moviename,r.count
    |from tbl_movie m,
    |(select movieid,count(movieid) as count,
    |date from tbl_movie_rating_date
    |group by date,movieid
```

```
          |order by date desc,count desc
          |limit 10
          |) r
          |where m.movieid = r.movieid
          |""".stripMargin)
ratingLastMovieDF.show(10)
```

运行代码，最近评分次数最多的热门电影统计分析结果如图 7-6 所示。

```
+-------+--------------------+-----+
|movieid|           moviename|count|
+-------+--------------------+-----+
|   1407|       Scream (1996)|    1|
|   1924|Plan 9 from Outer...|    1|
|   1962|Driving Miss Dais...|    6|
|   2011|Back to the Futur...|    7|
|   2043|Darby O'Gill and ...|    1|
|   2399|Santa Claus: The ...|    1|
|   2453|Boy Who Could Fly...|    1|
|   2634|   Mummy, The (1959)|    1|
|   3264|Buffy the Vampire...|    1|
|   3489|         Hook (1991)|    1|
+-------+--------------------+-----+
```

图 7-6　最近热门电影的分析结果

7.4.4　电影智能推荐

电影智能推荐采用的是 Spark ALS 实现，ALS 算法通过交替最小二乘法迭代优化模型，对构建的用户-物品矩阵进行优化，以获得最佳的推荐结果。通过这种方式，ALS 算法不仅能实现个性化的推荐，同时也能很好地解决数据稀疏性和冷启动的问题。

另外，整个推荐系统更多的是依赖用户的偏好信息进行电影推荐，新注册的用户是没有任何偏好信息的，会导致无法进行精准推荐。因此，在用户首次登录时，可以通过为其推荐最近最热门的电影来解决这个问题。

1. 构建 Maven 项目

将用户对电影评分记录保存在名为 usermovie.dat 的文件中，将该文件复制到 movierecommendproject/data 下，智能推荐模型训练完成后可以为用户推荐可能感兴趣的电影。

在 movierecommendproject 父工程下创建一个名为 movierecommend 的子模块，该子模块主要实现电影的离线推荐。然后，在 movieprocemmend/src/main/ 目录下的 cn.sparkml.als 包中创建一个名为 MoviesALS 的伴生对象。离线电影推荐模块的项目框架如图 7-7 所示。

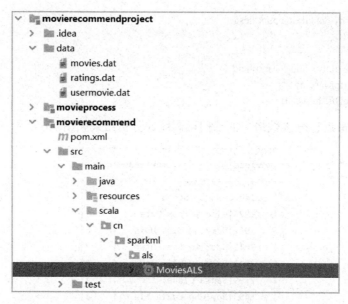

图 7-7　movierecommend 项目架构图

2. 添加依赖

movierecommend 模块建立完成后，需要添加 Spark MLlib 的依赖包，修改 movierecommendproject/movierecommend 目录下的 pom.xml 文件，添加 Spark MLlib 依赖包。

```xml
<dependency>
        <groupId>org.apache.spark</groupId>
        <artifactId>spark-core_${scala.version}</artifactId>
        <version>${spark.version}</version>
</dependency>
<dependency>
        <groupId>org.apache.spark</groupId>
        <artifactId>spark-mllib_${scala.version}</artifactId>
        <version>${spark.version}</version>
</dependency>
```

3. 数据集分隔

在建立推荐模型之前，需要对数据集进行分隔。通常将数据集分为 3 个部分：训练数据集、验证数据集和测试数据集。其中，训练数据集通常占比为 80%～90%，验证数据集和测试数据集分别占比约 10%。数据集分隔的代码如下。

```scala
object MoviesALS {
    def main(args: Array[String]) {
        Logger.getLogger("org.apache.spark").setLevel(Level.WARN)
        Logger.getLogger("org.eclipse.jetty.server").setLevel(Level.OFF)
        //创建SparkConf对象，设置为本地模式运行
        val conf = new SparkConf()
            .setAppName("MovieLensALS")
```

```
        .set("spark.sql.crossJoin.enabled", "true")
        .setMaster("local[*]")
    val sc = new SparkContext(conf)
    //读取用户对电影评分的文件，将其转换为Rating对象
    val myRatingsRDD = sc.textFile("./data/usermovie.dat").map { line =>
        val fields = line.split("::")
        Rating(fields(0).toInt, fields(1).toInt, fields(2).toDouble)
    }
    //读取用户对电影评分的文件
    val ratings = sc.textFile(new File("./data/ratings.dat").toString).map {
        line =>
            val fields = line.split("::")
            (fields(3).toLong % 10, Rating(fields(0).toInt, fields(1).toInt, fields(2).toDouble))
    }
    //读取电影信息文件，将其转换为(movieId, movieName)键值对的格式
    val movies = sc.textFile(new File("./data/movies.dat").toString).map { line =>
        val fields = line.split("::")
        // format: (movieId, movieName)
        (fields(0).toInt, fields(1))
    }.collect().toMap
    //统计评分总记录数
    val numRatings = ratings.count()
    //参与评分的用户数量
    val numUsers = ratings.map(_._2.user).distinct().count()
    //已评分的电影数量
    val numMovies = ratings.map(_._2.product).distinct().count()
    println("Got " + numRatings + " ratings from "
        + numUsers + " users on " + numMovies + " movies.")
    //将数据集切分为训练集、验证集、测试集，切分的比例为8：1：1，并进行缓存
    val numPartitions = 4
    val training = ratings.filter(x => x._1 < 8)
        .values
        .union(myRatingsRDD)
        .repartition(numPartitions)
        .cache()
    val validation = ratings.filter(x => x._1 == 8 )
        .values
        .repartition(numPartitions)
        .cache()
val test = ratings.filter(x => x._1 == 9).values.cache()
//统计划分后的训练集、验证集和测试集的记录数量
    val numTraining = training.count()
    val numValidation = validation.count()
    val numTest = test.count()
println("Training: " + numTraining + ", validation: " + numValidation + ", test: " + numTest)
}
```

运行代码，在 IDEA 控制台上输出结果。输出结果显示训练数据集为 801 209 条记录，验证数据集为 99 028 条记录，测试数据集为 100 021 条记录。这些输出是根据数据集划分

后的结果得出的。

4. 建立模型

采用 Spark ALS 协同过滤算法建立推荐模型，首先，在项目中引入 org.apache.spark.mllib.recommendation 包，通过调用 recommendation 中 ALS 伴生对象的 train 方法来训练模型。train 方法的声明如下：

```
def train(ratings : org.apache.spark.rdd.RDD[org.apache.spark.mllib.recommendation.Rating], rank : scala.Int,
  iterations : scala.Int,
  lambda : scala.Double,
  blocks : scala.Int
) : org.apache.spark.mllib.recommendation.MatrixFactorizationModel
```

该方法主要功能是训练数据并返回模型，各参数的含义如表 7-3 所示，这些参数包括评分数据集（ratings）、模型的特征维度（rank）、迭代次数（iterations）、正则化参数（lambda）和块的数量（blocks）。train 方法返回一个 MatrixFactorizationModel 对象，表示训练得到的推荐模型。

表 7-3 train 方法参数含义

参　　数	数 据 类 型	说　　明
ratings	RDD[Rating]	训练的数据格式是 Rating(userID,productID,rating)的 RDD
rank	Int	rank 指的是矩阵分解维度 Factorization 时，将原本矩阵 $A(m*n)$分解成 $X(m*rank)$矩阵与 $Y(rank*n)$
iterations	Int	ALS 算法重复计算次数（建议值为 10～200）
lambda	Double	过拟合操作，值越大则越不容易产生过拟合，但值太大时会降低分解的准确度。建议值为 0.01

使用 ALS 算法，根据给定的评分数据集训练一个推荐模型。

```
//创建训练数据集，对training数据集进行映射操作，将每条数据转换为Rating对象
val trainData = training.map(x=> Rating(x.user,x.product,x.rating))
//定义用于配置ALS算法的参数
//rank：特征矩阵的维度
//iterations：循环迭代次数
//lambda：正则化系数
val (rank,iterations,lambda) = (50,5,0.01)
//训练模型，训练得到的模型保存在dataModel变量中
val dataModel = ALS.train(trainData,rank,iterations,lambda)
```

5. 模型评估

在上述模型训练过程中，直接给定了隐语义模型的 rank、iterations、lambda 三个参数值。训练出来的模型不一定是最优的推荐模型。使用 Spark ALS 建模需要输入参数，不同参数的选择对计算的准确度都有较大的影响。因此，通常采用模型评估的方法选择最佳的推荐模型。

模型评估可以采用不同的方法，如分类模型评估或回归模型评估。本案例采用回归模型评估的方法，通过计算预测评分与实际评分之间的均方根误差（root mean square error，RMSE）衡量模型的准确性。计算数据集预测结果和实际评分之间的均方根误差的值的代码如下。

```
/**
  * 评价指标为RMSE
  * @param model：ALS求解矩阵返回的模型类
  * @param data：测试数据集
  * @param n：测试数据集总记录数
  * @return
  */
def computeRmse(model: MatrixFactorizationModel, data: RDD[Rating], n: Long): Double = {
    val predictions: RDD[Rating] = model.predict(data.map(x => (x.user, x.product)))
    val value: RDD[((Int, Int), Double)] = predictions.map(x => ((x.user, x.product), x.rating))

    val predictionsAndRatings = predictions.map(x => ((x.user, x.product), x.rating))
      .join(data.map(x => ((x.user, x.product), x.rating)))
      .values
// 计算预测评分与实际评分之间的均方根误差（RMSE）
    math.sqrt(predictionsAndRatings.map(x => (x._1 - x._2) * (x._1 - x._2)).reduce(_ + _) / n)
}
```

通过调整参数并进行多次训练，选取最优的推荐模型。

```
//不同矩阵分解模型的秩参数取值
val ranks = List(8, 12)
//正则化参数，控制过拟合的程度
val lambdas = List(0.1, 10.0)
//模型的迭代次数
val numIters = List(10, 20)
//定义变量，存储当前训练的最优模型
var bestModel: Option[MatrixFactorizationModel] = None
var bestValidationRmse = Double.MaxValue
var bestRank = 0
var bestLambda = -1.0
var bestNumIter = -1
//遍历不同参数的组合并训练多个模型
for (rank <- ranks; lambda <- lambdas; numIter <- numIters) {
    //使用ALS算法训练模型
    val model = ALS.train(training, rank, numIter, lambda)
    val validationRmse = computeRmse(model, validation, numValidation)
    println("RMSE (validation) = " + validationRmse + " for the model trained with rank = "
      + rank + ", lambda = " + lambda + ", and numIter = " + numIter + ".")
    if (validationRmse < bestValidationRmse) {
      bestModel = Some(model)
      bestValidationRmse = validationRmse
      bestRank = rank
      bestLambda = lambda
```

```
      bestNumIter = numIter
    }
  }
}

//计算最优模型对测试集的预测以及相对于基准模型的提升度
val testRmse = computeRmse(bestModel.get, test, numTest)
println("The best model was trained with rank = " + bestRank + " and lambda = " + bestLambda
  + ", and numIter = " + bestNumIter + ", and its RMSE on the test set is " + testRmse + ".")

val meanRating = training.union(validation).map(_.rating).mean
val baselineRmse =
  math.sqrt(test.map(x => (meanRating - x.rating) * (meanRating - x.rating)).mean)
val improvement = (baselineRmse - testRmse) / baselineRmse * 100
println("The best model improves the baseline by " + "%1.2f".format(improvement) + "%.")
```

运行代码，在 IDEA 控制台上显示了不同参数的组合，并通过模型评估寻找最佳的推荐模型。运行结果如图 7-8 所示。

```
RMSE (validation) = 0.8710303406989436 for the model trained with rank = 8, lambda = 0.1, and numIter = 10.
RMSE (validation) = 0.8664128657532905 for the model trained with rank = 8, lambda = 0.1, and numIter = 20.
RMSE (validation) = 3.7515692614014817 for the model trained with rank = 8, lambda = 10.0, and numIter = 10.
RMSE (validation) = 3.7515692614014817 for the model trained with rank = 8, lambda = 10.0, and numIter = 20.
RMSE (validation) = 0.8717595048081463 for the model trained with rank = 12, lambda = 0.1, and numIter = 10.
RMSE (validation) = 0.8633665870639214 for the model trained with rank = 12, lambda = 0.1, and numIter = 20.
RMSE (validation) = 3.7515692614014817 for the model trained with rank = 12, lambda = 10.0, and numIter = 10.
RMSE (validation) = 3.7515692614014817 for the model trained with rank = 12, lambda = 10.0, and numIter = 20.
The best model was trained with rank = 12 and lambda = 0.1, and numIter = 20, and its RMSE on the test set is 0.8598450337931962.
```

图 7-8　调整参数训练模型运行结果

6. 个性化推荐

采用最优的模型实现个性化推荐。其中推荐给用户的电影是用户未看过的或尚未评分的。

```
//读取电影信息（电影编号，电影标题）
val myRatedMovieIds = myRatingsRDD.map(_.product).collect().toSet
//过滤掉用户已经评分的电影
val candidates = sc.parallelize(movies.keys.filter(!myRatedMovieIds.contains(_)).toSeq)
//给用户推荐K部电影
val recommendations = bestModel.get
  .predict(candidates.map((2, _)))
  .collect()
  .sortBy(- _.rating)
  .take(20)
var i = 1
println("Movies recommended for you:")
recommendations.foreach { r =>
  println("%2d".format(i) + ": " + movies(r.product))
  i += 1
}
```

运行代码，采用训练后的最佳推荐模型给用户编号为 2 的用户进行电影推荐，运行结果如图 7-9 所示。

```
Movies recommended for you:
1: Bewegte Mann, Der (1994)
2: Foreign Student (1994)
3: Bandits (1997)
4: Gambler, The (A J os) (1997)
5: Schindler's List (1993)
6: Boys Life 2 (1997)
7: Raiders of the Lost Ark (1981)
8: Saving Private Ryan (1998)
9: Star Wars: Episode IV - A New Hope (1977)
10: Great Escape, The (1963)
11: Shawshank Redemption, The (1994)
12: Sting, The (1973)
13: Inherit the Wind (1960)
14: Ben-Hur (1959)
15: Forrest Gump (1994)
16: It's a Wonderful Life (1946)
17: Godfather, The (1972)
18: Bridge on the River Kwai, The (1957)
19: Sixth Sense, The (1999)
20: Casablanca (1942)
```

图 7-9　个性化推荐运行结果

7.5　部署与运行

基于多元分析的电影智能推荐系统包含离线电影分析模块（movieprocess）和个性化电影推荐模块（movierecommend）。项目编码测试完成后，需要进行打包，并将其部署到 Hadoop 大数据平台上运行。该项目部署运行的流程如下。

（1）启动 Hadoop、Spark 服务。

（2）将离线电影分析模块（movieprocess）编译、打包，生成名为 movieprocess-2.3.0.RELEASE.jar 包。将 movieprocess-2.3.0.RELEASE.jar 提交至 Hadoop 集群 node01 节点下的/opt/jar 目录中。

（3）将 movierecommendproject 项目中 data 文件夹中的 ratings.dat 和 movies.dat 文件上传至 Hadoop 集群的 HDFS 分布式文件系统中，并存储在名为 movies 的目录下。

（4）将离线电影分析模块 movieprocess 编译、打包，生成名为 movieprocess-1.0-SNAPSHOT.jar 包。将 movieprocess-1.0-SNAPSHOT.jar 提交至 Hadoop 集群 node01 节点下的/opt/jar 目录中，并使用 YARN Client 模式运行。

使用 spark-submit 提交作业，实现离线电影不同维度的统计分析。

```
[root@node01 spark]#  ./bin/spark-submit  \
--class cn.sparksql.process.MovieSql  \
--master yarn  \
--deploy-mode client \
/opt/jar/movieprocess-1.0-SNAPSHOT.jar /movies/ratings.dat /movies/movies.dat
```

作业执行完毕后，离线电影不同维度的统计分析结果被写入 MySQL 数据库。

（5）编译、打包电影智能推荐模块 movierecommend，生成名为 movierecommend-1.0-SNAPSHOT.jar 包。然后将该 jar 包提交到 Hadoop 集群中 node01 节点下的/opt/jar 目录

中，并使用 YARN Client 模式运行作业。

使用 spark-submit 提交作业，实现个性化推荐。

```
./bin/spark-submit   \
--class cn.sparkml.als.MoviesALS   \
--master yarn   \
--deploy-mode client \
/opt/movierecommend-1.0-SNAPSHOT.jar /movies/usermovie.dat /movies/movies.dat /movies/ratings.dat
```

执行以上作业，运行后显示如图 7-10 所示的结果。

```
Movies recommended for you:
 1: Bewegte Mann, Der (1994)
 2: Foreign Student (1994)
 3: Bandits (1997)
 4: Gambler, The (A J os) (1997)
 5: Schindler's List (1993)
 6: Boys Life 2 (1997)
 7: Raiders of the Lost Ark (1981)
 8: Saving Private Ryan (1998)
 9: Star Wars: Episode IV - A New Hope (1977)
10: Great Escape, The (1963)
11: Shawshank Redemption, The (1994)
12: Sting, The (1973)
13: Inherit the Wind (1960)
14: Ben-Hur (1959)
15: Forrest Gump (1994)
16: It's a Wonderful Life (1946)
17: Godfather, The (1972)
18: Bridge on the River Kwai, The (1957)
19: Sixth Sense, The (1999)
20: Casablanca (1942)
```

图 7-10   电影离线推荐运行结果

本 章 小 结

第 7 章课件

本章主要介绍了电影智能推荐应用中的离线电影数据分析和离线电影推荐任务。首先根据任务需求设计了系统的架构，确定了数据分析处理的流程；然后采用 Spark SQL 实现了离线电影数据分析，并使用 Spark ALS 算法实现了离线电影推荐。每步都有较为详细的实验说明，以方便实验操作。

本章内容有助于大数据学习者更深入地了解 Spark 的分析和应用，综合运用所学的知识解决大数据方面的问题。

本 章 练 习

1. 编程题

某餐饮平台决定根据近期用户对菜品评分的历史数据，建立菜品推荐模型，向用户提供个性化菜品推荐服务。用户对菜品的评分数据包含用户编号、菜品编号、评分、时间戳

4 个字段，内容如表 7-4 所示。

表 7-4　rating.csv

用 户 编 号	菜 品 编 号	内容部分展示评分	评 分 时 间
1	1001	5	1677708000
1	1002	4	1677804000
1	1003	5	1677900000
1	1004	3	1677996000
1	1005	4	1678092000
……	……	……	……

根据以上内容完成以下 3 个小题。

（1）读取用户对菜品评分的数据，将数据集分隔为训练集、验证集和测试集。

（2）采用 Spark ALS 算法构建推荐模型。

（3）用步骤（2）构建的推荐模型实现个性化菜品推荐。

第 7 章答案

参 考 文 献

[1] RYZA S, LASERSON U.Spark 高级数据分析[M]. 2 版. 龚少成，译. 北京：人民邮电出版社，2015.

[2] 项亮. 推荐系统实践[M]. 北京：人民邮电出版社，2012.

[3] 林子雨，赖永炫，陶继平. Spark 编程基础[M]. 2 版. 北京：人民邮电出版社，2022.

[4] 肖芳，张良均. Spark 大数据技术与应用[M]. 北京：人民邮电出版社，2015.

[5] 黑马程序员. Spark 项目实战[M]. 北京：清华大学出版社，2019.

[6] 郑萌. 大数据开发面试笔试精讲[M]. 北京：清华大学出版社，2022.

[7] HAN J W, KAMBER M. 数据挖掘概念与技术[M]. 2 版. 范明，孟小峰，译. 北京：机械工业出版社，2007.

[8] WHITE T.Hadoop 权威指南[M]. 周敏奇，王晓玲，金澈清，等译. 北京：清华大学出版社，2011.

[9] 林子雨. 大数据技术原理与应用课程建设经验分享[J]. 大数据，2018（11）：29-37.

[10] 付周望. 分布式并行计算框架的 shuffle 优化[D]. 上海：上海交通大学，2018.

[11] HAN J W, KAMBER M, PEI J. 数据挖掘概念与技术[M]. 3 版. 范明，孟小峰，译. 北京：机械工业出版社，2012.

[12] 朱忠华. 深入理解 Kafka：核心设计与实践原理[M]. 北京：电子工业出版社，2019.